셰이프리스 미술관

셰이프리스 미술관

국립현대미술관 서울,
건축 십 년 후의 기록

민현준

열화당

책머리에
욕망을 비운 건축

2008년, 서울시 종로구 소격동에 있던 국군기무사령부(國軍機務司令部, 현 국군방첩사령부)가 경기도 과천으로 이전했다. 일반인의 출입이 금지된, 삼엄한 경계로 쳐다보는 것조차 어려웠던 땅 위에 국군기무사령부라는 권력이 사라지자, 서울 도심에 남은 마지막 터라고 생각되었는지 많은 곳에서 욕심을 내기 시작했다. 2009년 초에는 이 터에 국립현대미술관을 조성하기로 결정되었고, 그해 가을에는 텅 비었던 국군기무사령부 본관(이하 기무사 본관)이 개방되며 그 시작을 알리는 전시 「예술의 새로운 시작—신호탄」이 개최되었다.

그해 12월부터 십 개월에 걸쳐 진행된 두 번의 공모전 끝에 우리 팀 '건축사사무소 엠피아트(MPART) 컨소시엄'의 안이 당선되며 설계에 들어갔다. 오래된 벽돌 건물을 개축해 현대 미술관으로 만드는 사례는 기존에 많았지만 살아 있는 도심에, 그것도 종친부(宗親府)와 같은 오백 년 넘는 국가지정문화재를 포함해 현대 미술관을 신축하는 것은 세계적으로 흔치 않은 일이었다. 대지가 품고 있는 수많은 난제를 해결하고 논란을 중재해 합일을 이루어내야 하는 막중한 임무가 주어졌다. 당선이 결정되고 나서, 한 건축가는 중재가 안 되면 못 짓는 경우도 있다면서 나에게 이런 조언을 했다. "욕심내지 말고, 짓는 데만 집중하세요." 그때는 농담처럼 들려 가볍게 넘긴 말이, 본격적으로 설계를 시작하고 개관을 할 때까지 내내 귓가에 맴돌았다.

건축설계란 수만 가지 요구들이 하나의 의미있는 전체를 이루도록 하는 작업이다. 열리고 닫히고 모이고 이동하는, 언어적으로 반대되는 주장들이 삼차원 공간에서 해결되고 통합된다. 국립현대미술관 서울(이하 서울관)은 건축가 혼자만의 생각과 아이디어로 만들어진 것이 아니다. 새로운 동시대

미술관을 만들기 위한 기나긴 논의와 합의의 여정이 있었다. 서울관에는 공사 도중 발굴된 종친부 터, 이전복원된 경근당과 옥첩당, 경성의학전문학교 부속의원의 모습으로 복원된 옛 기무사 본관과 같은 여러 층위의 역사들이 적층되어 있으며, 건축역사가뿐 아니라 개관전 참여 작가와 큐레이터 등 미술인, 그리고 이웃과 정치인들의 의견까지 곳곳에 녹아 있다. 이러한 이유로 건축은 사회적 산물이라 한다.

욕망이 들어설 만한 자리는 비워냈다. 서울관 외부 마당과 그 바깥 사이에는 경계가 없다. 이 공간들은 미술관의 소유도, 이웃의 소유도, 문화재의 소유도 아니다. 동시에 이 공간들은 미술관일 수도, 이웃일 수도, 또는 문화재일 수도 있다. 여러 해석들이 존재하는, 한편으로는 무언가 있어야 할 자리가 비어 있음으로써 긴장감이 흐르는 공간. 그것이 이 건축의 본질로 남았다. 미술관의 내부도 이러한 비움의 연장선상에 있고 빈 공간을 채우는 역할은 예술가들과 관람객들에게 남겨졌다.

서울관이 개관한 지 어느덧 십여 년이 지났다. 한참이 지난 이제야 건축 기록을 공유하는 이유는, 개관 당시에는 건축 외적인 사회적 혹은 정치적 요인들이 많았으나 이제는 건축 자체로만 볼 수 있는 시점이 되었기 때문이다. 또한 건축물에 정당한 평가를 하기 위해서는 십 년은 사용해 봐야 한다고 생각했다. 그동안 많은 시민들이 이용했기에 공간에 대한 이해도가 높아졌고, 대부분이 의도했던 대로 운영되고 있음에는 의심의 여지가 없다. 그러나 한편으로는 결과물인 건축이 만들어지기까지 수많은 합의와 약속이 더 옅어지기 전에 정리할 필요가 있었다. 이 책은 이러한 집필 의도 아래 몇 가지의 방향성을 가지고 다음과 같이 확장되어 읽히기를 바라며 씌어졌다.

첫째, 이 책은 미술관의 관람객들에게 들려주고 싶은 기록이다. 관람객들이 미술관과 그 터에 얽힌 이야기들을 알게 되어, 그 역시 전시만큼 감상과 영감의 대상이 되었으면 한다. 특히 건축물에 대한 이해를 바탕으로 서울관을 방문한다면, 그

감흥이 배가되리라 기대한다. 서울관의 홍보 차원에서 나는 개관 전후로, 그 이후로도 몇 년간 일반 시민들을 대상으로 미술관 소개 및 현장 답사를 진행했다. 보통 한 시간가량 소요되었는데 길게는 세 시간을 넘길 만큼 많은 참가자들이 호기심과 흥미를 보인 부분들이 있었다. 그때 진행했던 답사의 구성과 시민들이 관심있어 했던 내용들을 참작하여 책을 엮었다.

둘째, 이 책의 일부는 전문적인 건축인들을 대상으로 한, 동시대 미술관에 관한 최신의 각론(各論)이다. 일반적으로 건축 담론에서 논의되는 미술관과 미술계에서 말하는 미술관에는 상당한 간극이 존재한다. 서울관은 인습적인 형식이 아닌, 동시대의 미술관이 담아야 할 미술 작품, 즉 내용에 집중해 계획한 건축물로서, 건축의 이야기는 자연스레 미술의 이야기로 확장된다. 이 책에서는 건축설계와 연관 지을 수 있는 미술의 변화와 현대미술에 대해 관찰하고 이를 공간적인 측면과 함께 다룬다. 또한 서울관에 영향을 준 다른 건축 사례도 종종 등장한다. 공모전에서는 우리 안이 해당 부지에 가장 적절한 고유하고 독창적인 아이디어라고 주장했지만, 당선 이후에는 이미 미술계에서 검증받은 보편적인 계획임을 설득하고 입증해야 했다. 이와 관련한 내용들을 함께 수록하면서 협의 과정에 대한 이해를 도왔다.

셋째, 이 책은 어떤 면에서는 한국 공공 건축의 이야기이다. 공공의 가치는 사회를 지탱하면서 민간의 갈등을 해소하고 균형점을 회복하는 것이다. 도시의 물리적 환경에서 공공(public) 건축의 대척점은 사적(private) 건축이라기보다는 상업적(commercial) 건축이다. 공공 건축은 고도로 발전된 현대 도시의 단점을 보완하기 위해 민간이 못하는 것을 담당해 주어야 한다. 공공 건축이 상업에 기초한 민간 건축과 어떤 관점에서 다른지를 이해하는 선례로서 서울관이 검토되기를 바란다.

넷째, 이 책은 서울관의 관리자들을 위한 안내서가 될 수 있다. 서울관과 같이 독특한 건축물의 경우, 운영 관리 계획에서 건축에 대한 이해는 반드시 필요하다. 정신없이 분주했던 개관 과정 중에도 분명한 기준은 마련되었지만 적절한 인수인계가 이루어지지 않고 서로 다른 성향의 책임자가 거쳐 가면서 그 기준은 사문화(死文化)되었다. 서울관은 모든 부분이 복잡한 인과관계로 얽혀 있어 설계상의 사소한 변경도 전체적인 상황에 대한 파악 없이 진행된다면 큰 문제를 야기할 수 있다. 기존의 긴장과 균형은 작은 변화만으로도 무너질 수 있기 때문에 공간과 구조, 시스템을 공유해야 할 의무를 느꼈다.

현재의 서울관은 의도대로 사용되어 만족스러운 곳이 있는가 하면, 아쉬운 곳도 있다. 서울관의 전시와 공간에 익숙한 독자들은 실제 경험과 비교하며 읽을 수 있고, 아직 가 보지 못했거나 낯선 독자들은 경험에 앞서 구체적인 지침으로 삼을 수 있을 것이다.

책의 구성은 기본적으로 건축설계의 과정과 비슷하다. 하지만 모든 내용이 병렬적 관계를 이루도록 하여 독자들이 순서에 상관없이 흥미로운 부분 중심으로 봐도 무방하도록 조정했다. 전시는 개관전 위주로 언급되는데, 개관전은 준공 이전부터 작가들과의 밀접한 소통 속에서 준비되었기 때문이다. 그 이후로도 좋은 전시들이 많이 개최되어 왔다. 여러 장소적 문제들을 풀어내 만든 공간들이지만, 작가들에게 때로는 풀기 어려운 숙제로, 때로는 전시의 클라이맥스로, 물리적 제약이자 작품의 영감이 되기도 했다. 그러나 이후의 전시들은 관찰자의 시점에서 바라본 것이기에 가능한 한 배제했다. 또한 전시된 작품에 대한 이야기에는 작품 자체의 가치 평가보다는 건축과의 관계성을 따진 건축가로서의 주관적인 시각이 담겨 있다.
대체로 계획한 대로 공간이 이용되고 있긴 하지만, 공간 명칭과 프로그램은 계획 단계, 준공 시점, 현재에 따라 조금씩 변화가 있다. 이십여 년 동안의 진행 과정을 서술하다 보니 명칭 사용에 혼란이 있을 수밖에 없는데, 준공 시점의 명칭을 기준으로 적되 필요에 따라 계획안이나 현재의 명칭, 실현되지 못하거나 변경된 내용도 함께 밝혀 두었다.

책은 총 여섯 장으로 구성된다. 서울관은 많은 부분이 기존 미술관의 관습들과 다르다. 새롭게 시도한 미술관을 정의하는 여섯 가지 용어를 각 장의 제목으로 삼고, 기존 미술관의 관습과 서울관의 지향점이 맺는 관계를 부제목으로 달아 변화하는 미술관의 특징을 쉽게 이해하도록 했다.

1장 「동시대 미술관: 박물관에서 미술관으로」에서는 공모전 당시 지침서를 보며 머릿속에 맴돌던 현대 미술관에 대한 생각과 건축 분야에서의 미술관, 그리고 서울관 주변에 대한 생각을 다루었다. 이 배경지식을 기초로 주어진 프로그램에 대한 답을 하는 것이 건축설계이다. 이 내용은 곧 서울관 설계를 위한 최초의 질문들에 해당한다.

2장 「셰이프리스 미술관: 형상에서 전략으로」에서는 공모전에서 제안했던 대표적인 개념인 셰이프리스 미술관(shapeless museum), 즉 무형의 미술관에 대해 접근한다. 여기서 다루는 내용은 건축의 시각적 형태라기보다는 개관까지의 전략들이다. 공모전 자체의 내용뿐만 아니라 다른 공공 건축 계획에도 선례로 참조될 수 있도록 설계부터 개관까지의 전체적인 과정을 짚어 본다.

3장 「장소특정적 미술관: 탈맥락에서 재맥락으로」는 대지의 굴곡진 근대사와 종친부가 중심이 되는 조선시대 유적, 이를 해석한 서울관 건축과의 관계를 살펴본다. 근대 미술관의 화이트큐브(white cube)는 삶과 예술 작품의 세계를 분리하는 개념이었다. 그러나 동시대 미술관은 다시 장소를 중시하는 장소특정적(site specific) 공간으로 변화하는 과정에 있기에, 서울관과 주변의 관계 설정은 곧 미술관으로서의 정체성의 핵심이 된다.

4장 「열린 미술관: 보물창고에서 공원으로」는 미술 애호가뿐 아니라 일반 대중까지 끌어들이는 공간적 장치이자 변화된 형식으로서의 '열린 미술관'이란 무엇인지를 소개한다. 열린 사회와 건축은 신전형 미술관에서 일상 속의 미술관으로 변화하고 있는 경향, 도시적 관점에서 폐쇄적이던 소격동 대지를 개선했던 방향, 그리고 우리의 건축 작업이 지향하는 '공원 같은 건축' 개념 등 세 가지 이슈의 답이 된다.

5장부터는 서울관에 영향을 준 사례들을 집중적으로 소개하면서 동시대 미술관 건축의 변화를 서울관을 중심으로 서술했다. 가장 핵심이 되는 것은 작가와 관람객이 부각되고 자율과 참여가 강조된 작품이 전시실, 나아가 미술관을 어떻게 변화시키는가이다. 5장 「관람객 중심형 미술관: 이동에서 집중으로」는 이에 따른 전시실 단위공간에 대한 내용이다. 작품과 관람객 간의 관계에 기초한 미술관 건축을 제안했던 레미 차우그(Rémy Zaugg)와 변화된 미술관 사례 등이 언급된다. 이러한 관점을 바탕으로 계획된 서울관에서 관람객들은 주어진 순서에 따라 수동적으로 움직이는 것이 아니라 자율적으로 동선을 만들어 나간다.

6장 「군도형 미술관: 선형에서 그물망으로」는 관람객 참여를 유발하는 서울관의 공용공간들을 소개한다. 관람객들은 고전미술 전시에서는 작품의 효율적인 관리를 위해 소외되었고, 근대 추상미술 전시에서는 어려운 작품을 이해하지 못하면 소외되었다. 그러나 동시대 미술 전시에서는 무엇보다 그들의 존재와 참여가 중요해졌다. 이러한 변화가 건축과 연결되는 방식을 보여주기 위해 동시대 전시실과 공용공간의 특징을 서술한 다음 서울관의 중심 개념인 '군도형 미술관'이라는 키워드 아래 그 작동법을 살펴본다.

'셰이프리스 미술관'은 본래 공모전 참여 당시 절차와 과정을 강조하기 위해 제안서 제목으로 선택했던 것인데, 물리적 문화적 역사적 맥락에 대한 해법이 미술관의 표상으로 드러난 서울관의 특성을 잘 담고 있어 이 책의 제목으로 삼았다. 해외 건축가 중심의 브랜드화된 개성적 형상이 강조되는 최근의 건축 경향과는 대척점에 있으며, 따라서 지금도 유효한 제목이라고 생각한다.

건축의 변화는 패션이나 유행어, 스마트폰 같은 전자기기의 변화만큼 빠르지 않다. 건축은 긴 호흡으로 진행되며, 그만큼 시대적인 관점이 요구된다. 일부 건물은 몇십 년이 넘도록 논의 대상이 되고, 심지어 지어진 지 몇백 년이 넘는 건물도 현대에 지어진 건물과 대등한 위치에서 사용되고 의미가 부여된다. 역사적 지층 위에 건립된 서울관 역시 처음 십 년을 뒤로하고 어떤 변화의 시간을 이어 갈지는 우리 모두에게 달려 있다.

공모전 당선 후 수많은 행정 절차에 직면하면서 과연 무사히 허가를 받고 준공할 수 있을까 걱정했던 기억을 회상하면, 별 탈 없이 운영되어 온 것은 충분히 기적 같은 일이다. 개관하기까지 약 사 년간 많은 사건들이 있었고 그 하나하나가 어렵고 중요한 결정들이었지만, 같은 목표를 향해 열심히 달렸던 서울관 팀이 있어서 가능했다. 우리가 성장하면서 계속 전진할 수 있도록 주위에서 조언과 도움을 아끼지 않고 주신 분들 덕분이기도 하다. 맡은 바를 묵묵히 충실히 수행하며 공사에 관여한 모든 분들께 진심으로 감사드린다.

서울관이 십 년 가까이 운영되는 것을 지켜보면서 이 책을 구상하기 시작했다. 책의 구축은 물리적 환경의 구축과는 또 다른 차원에서 정확한 규정이 요구되는 작업이었고, 그래서 건축 이야기를 글로 풀어내기란 쉽지 않았다. 건축은 제한된 기간 내에 다수의 합의를 이루어내야 하는 반면, 책은 어느 정도 시간을 가지고 내용을 정리할 수 있다 보니 예상보다 오래 걸렸다. 이제야 서울관 프로젝트를 마쳤다는 생각이 든다. 설계를 실현시켜 주는 시공사가 있듯 밀도있게 책의 언어와 물성을 완성시켜 준 열화당에 감사드린다.

2025년 봄
민현준

차례

일러두기

- 본문과 도면에 사용된 국립현대미술관 서울의 공간 명칭들은 준공 시점을 기준으로 하되, 필요에 따라 계획안이나 현재의 명칭을 언급하거나 병기했다.
- 건축 사진은 대부분 준공 직후나 개관전 무렵의 모습으로 연도 표기를 하지 않았고, 계획안이나 공사 현장 사진은 시기를 밝혔다.
- '옛 기무사 본관'은 근대 건축물이 현재 미술관의 일부로 편입된 경우로, 문맥에 따라 이 명칭을 사용하거나 '미술관 주출입구' 등으로 표기했다.
- 번역자를 밝히지 않은 해외 문헌은 저자가 번역한 것이다.

1

동시대 미술관:
박물관에서 미술관으로

역사를 기록하기 전 아주 먼 옛날부터, 일정 규모 이상의 중요한 건물의 경우 짓기 전에 누군가가 구상해야 했다. 건축가는 바로 그것을 생각하고 상상하는 직종(profession)으로, 그들이 하는 일은 새로운 구조물을 세울 수 있도록 구체적인 이미지를 제공해 관계 구성원과 소통하는 것이다. —스피로 코스토프(Spiro Kostof)[1]

현대 미술관의 의문들

2003년 런던 테이트모던(Tate Modern)의 터빈홀(Turbine Hall)은 어둠에 잠겼다. 그 한가운데에 거대한 태양이 일몰처럼 매달렸다. 반원형 스크린에 이백여 개 전구로 이루어진, 설치미술가 올라푸르 엘리아손(Olafur Eliasson)의 〈날씨 프로젝트(The Weather Project)〉였다. 천장에 설치한 거울에 반사되어 두 배 높이로 보이는 내부 공간과 공중에 떠 있는 빛 덩어리는 미술관 외부에서는 전혀 상상하지 못한 것이기에 들어서자마자 압도될 수밖에 없었다. 관람객들은 자유롭게 바닥에 널브러져 작품을 바라보았고 그 모습도 천장에 비쳐 보였다. 올라푸르 엘리아손의 작품은 그동안 봐 왔던 유화나 조각 작품과 달랐다. 관람객의 자세 또한 기존의 뮤지엄(museum)[2]처럼 조심스럽고 엄숙한 공간에서와는 차이가 있었다. 이러한 전시실은 건축기술적인 관점에서 보자면 마감, 조명, 설비, 구조까지 완전히 새로운 시스템이 요구된다는 점에서 기존의 뮤지엄과는 다른 건축이다.

그 이후로 나는 2012년까지 매년 터빈홀에서 열린 전시 프로젝트 '유니레버 시리즈(The Unilever Series)'에 관심을 갖게 되었다. 2006년 카르스텐 횔러(Carsten Höller)의 〈테스트 사이트(Test Site)〉는 사진으로만 보았지만, 그 신선함이 온전히 전해졌다. 마치 나선형의 철사처럼 보이는 조형물은 실제로 이용 가능한 미끄럼틀이었다. 미술관의 여러 층을 넘나드는 미끄럼틀이 공간을 입체적으로 채우는 모습을 상상하는 것은 어렵지 않았다. 아이들의 즐거운 함성이 테이트모던을 가득 채우고, 미술관은 아이들의 놀이터가 되었을 것이다. 핵심은 형상의 의미보다는 그 형상이 어떻게 작동하는지에 있었다. 이제 관람객들은 주어진 문화적 콘텐츠를 소비하기만 하는 수동적인 관람객이 아니다. 그들은 점점 활발해지며 참여하기를 원한다. 단순히 소비하고 감상하는 것을 넘어서 스스로 열정적으로 미술을 생산한다.

테이트모던은 2000년 뱅크사이드화력발전소(Bankside Power Station)를 개조해 지어졌다. 건립 기획 당시 준비위원회 일원이었던 건축가 제임스 스털링(James Stirling)은 화력발전소를 철거하고 신축할 것을 주장했지만, 그 흔적을 남기며 리모델링되었다. 미술관 계획안은 1995년에 공모전을 거쳐 완성되었는데, 공모 경쟁작은 최초 백오십여 개 팀에서 막바지에는 헤르조그 앤드 드 뫼롱(Herzog & de Meuron), 안도 다다오(安藤忠雄), 데이비드 치퍼필드(David Chipperfield), 렘 콜하스(Rem Koolhaas), 렌초 피아노(Renzo Piano)를 포함한 총 여섯 개 팀으로 좁혀졌다. 당시 심사에 참여했던 큐레이터 마이클 크레이그 마틴(Michael Craig-Martin)은 그중 당선된 헤르조그 앤드 드 뫼롱의 계획안만이 기존 건축물의 특징을 완전히 받아들인 유일한 것이었다고 회상했다.[3] 미술관이 요구하는 면적보다 화력발전소의 면적이 넓어서 건축가는 발전기가 위치했던 공간인 터빈홀을 그대로 남김으로써 면적을 줄이면서도 발전소 본연의 특징을 살렸다. 이렇게 장소특정적 전시실이면서 전체 미술관의 입구가 된 공간이 만들어졌다.

2008년 뉴욕 구겐하임미술관(S. R. Guggenheim Museum)에서 전시된 차이궈창(Cai Guo-Qiang, 蔡国强)의 〈나는 믿고 싶다(I Want To Believe)〉도 신선한 충격을 안겨 주었다. 프랭크 로이드 라이트(Frank Lloyd Wright)가 설계한 이 미술관은 나선형의 전시실이 외관으로 드러난 독특한 건축물로, 차이궈창은 중앙의 빈 공간인 원형 아트리움(atrium) 천창에 자동차 속에서 폭죽

전통적인 전시실에서 벗어난 차이궈창의 전시는
근대미술과 현대미술의 근본적인 차이를 보여준다. 2008.

같은 조형물이 나오는 작품을 걸었다. 작가를 위해 조성된 공간, 즉 전시실을 박차고 나와 건축가의 공간에 작품을 걸었고, 중앙 홀에서 관람객들은 작품으로 채워진 공간을 올려다보게 되었다. 미술관을 설계했던 근대건축의 거장이 살아 돌아온다면 어떻게 생각할까. 그러나 차이궈창의 작품은 나선형 벽에 걸려 있는 작품들보다 더 자연스럽게 공간과 어우러졌고, 더 쉽게 관람객들의 주목을 받았다. 이 전시는 과거 건축가가 제안한 공간과 현재 작가가 원하는 공간 사이의 괴리를 보여주는 좋은 사례였다. 사람들이 몰려도 중앙의 작품을 감상하는 데는 아무 문제가 없었다. 정해진 동선에 따라 줄을 서서 보는 대신 각기 보고 싶은 위치에서 올려다보거나 나선형 복도의 적당한 높이에서 수평으로 감상했다. 이 전시와 관람객의 관계는 국립현대미술관 서울(이하 서울관)의 공용 홀인 서울박스를 구상하는 데 많은 영감을 주었다.

영국 잉글랜드 북부의 도시 게이츠헤드에는 앤터니 곰리(Antony Gormley)의 〈북방의 천사(Angel of the North)〉가 한 언덕 위에 위치해 있다. 이 작품은 비행기 날개를 가진 높이 20미터의 초대형 인간상으로, 붉은 페인트가 칠해진 건축 철골 부재로 만들어졌다. 1998년 세워진 이 공공미술은 미술관 밖으로 나옴으로써 지나가던 이들까지 모두 관람객으로 만들며 대중적으로 확장되었다. 공공미술의 관점에서 미술관은 작품의 무덤이라고도 불린다. 이러한 사례는 관습적인 전시공간과 문화의 틀에 박힌 요구에 속박되지 않으려는 현대미술의 한 특징을 보여준다. 예술을 모두가 접근할 수 있는 일상의 거리와 건물, 공공장소로 확장하는 경향에서 전통적인 뮤지엄이라는 용도는 다시 한번 위기를 맞는다.

2002년 개관한 팔레드도쿄(Palais de Tokyo)를 보면, 더 이상 건축가의 역할은 필요 없을 것 같다. 팔레드도쿄는 1937년 파리 만국박람회를 위해 지어진 뒤 한동안 비어 있던 건물의 인테리어를 다 뜯어내고 미완성 같은 골조를 드러낸 형상이다. 이 미술관은 '전시' 혹은 '전시실' 대신 '프로젝트' '실험실' '아트팩토리' 등의 용어를 사용하며, 작가가 전시에 필요하면 내부를 변경해 작품의 일부가 되도록 하는, 그동안 미술관이 가지고 있었던 건축적 관념을 뒤집은 반전의 공간이라 할 수 있다. 현대 미술관은 이렇듯 근엄한 태도로 진열장 속 유물을 감상하는 박물관 혹은 성당 같은 곳이 아닌, 다양한 사람들이 뒤섞여 다양한 작품과 다양한 방식으로 소통하는 장소이다. 팔레드도쿄는 국립현대미술관 과천(이하 과천관)이나 국립중앙박물관과 같이 엄격하면서 엘리트적인 뮤지엄에 익숙했던 나에게 미래 미술관 건축의 방향에 대해 고민하게 해 주었다.

미술관의 전형

건축에서 이야기하는 '전형'은 초등학교나 성당이라고 하면 떠오르는 건축적 이미지가 있듯이, 공유된 형식으로 이후의 건축물들에 영향을 끼치며 대표 유형이 된 건축물을 가리킨다. 그렇다면 최초의 미술관은 어떻게 탄생했고 어떠한 과정을 통해 우리가 '미술관' 하면 떠올리는 이미지까지 오게 되었을까.

'뮤지엄'이란 용어는 그리스 신화에 등장하는 학예의 신 무사(Μοῦσαι)의 신전이라는 뜻의 그리스어 무세이온(Μουσεῖον)에서 유래했는데, 무세이온은 기원전 삼세기 알렉산드리아 지역에 세워진 왕실 부속 연구시설이었다.[4] 기독교 건축이 신전에 영향을 받았듯이 기독교 예술품들의 보관소도 신전에 비유되었고, 르네상스시대와 바로크시대에는 궁전과 같은 세습 권력의 공간에서 길고 연속된 방이 갤러리(galerie)라 불리면서 미술품으로 채워졌다. 뮤지엄이 최초로 공공화된 경우는 프랑스 시민혁명의 여파로 1793년 개장한 루브르박물관(Musée du Louvre)이다. 루브르궁에서 용도 변경된 사례로 미술품 전시 목적으로 신축된 것은 아니지만, 불특정 다수의 일반인에게는 처음으로 공개된 대형 미술관이다. 영국박물관(The British Museum)은 그보다 앞선 1759년에 개관했지만, 도서관과 자연사 유물 중심이었고 미술품을 다루기 시작한 것은 십구세기가 넘어서였다. 더욱이 일반인의 출입 절차는 까다로웠다.

하지만 초기 루브르박물관은 궁전을 미술관으로 개조한 사례로서 건축사에서는 중요하게 다루지 않는다. 그보다는 돔을 얹은 원형의 홀인 로톤다(rotonda)를 중심으로 한 장 니콜라 루이 뒤랑(Jean-Nicolas-Louis Durand)의 십구세기 초 뮤지엄 유형[5]이나 카를 프리드리히 싱켈(Karl Friedrich Schinkel)의 1831년 알테스뮤지엄(Altes Museum)을 미술관 건축의 시작으로 본다. 그러나 미술관의 용도 면에서, 신축된 최초 전형으로 꼽히는 미술관은 뮌헨의 알테피나코테크(Alte Pinakothek)라 보아야 한다. 건축사학자인 니콜라우스 페프스너(Nikolaus Pevsner)는 그의 저서 『빌딩 유형의 역사(A History of Building Types)』에서 알테피나코테크를 후대에 가장 많은 영향을

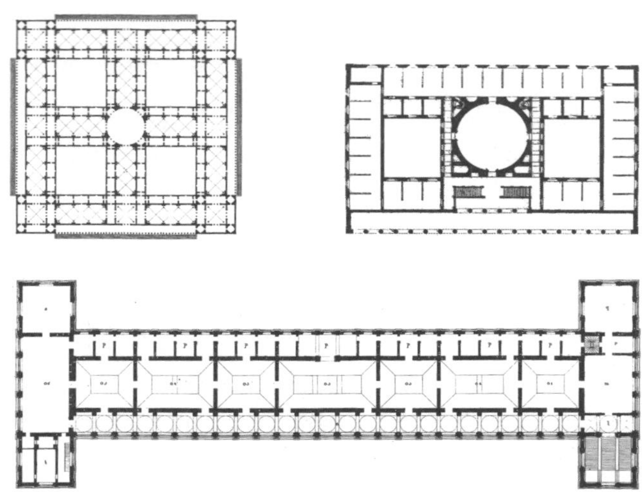

뒤랑이 제시한 뮤지엄 유형 평면도(위 왼쪽)와
싱켈의 알테스뮤지엄 2층 평면도(위 오른쪽).
알테피나코테크 2층 천장도.(아래) 중앙의 주 전시실 열에는
외부와 면한 창문이 없는 대신 채광을 위한 천창이 있다.

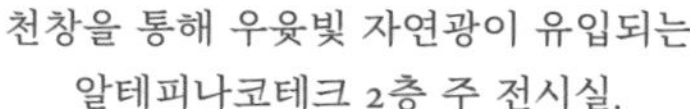

천창을 통해 우윳빛 자연광이 유입되는
알테피나코테크 2층 주 전시실.

끼친 최초의 미술관이라 평했다.[6] 1836년 레오 폰 클렌체(Leo von Klenze)에 의해 지어진 이 미술관은 신고전주의 양식의 2층 규모 건축물로, 작품 감상을 위해 최적화된 빛과 공간 시스템을 발명했다는 견지에서 중요하다. 1층에 입구와 관리실 등의 부대시설과 전시실이 배치되어 있고, 2층에 긴 선형의 주 전시실이 있는데 마치 성당의 중앙 복도인 네이브(nave)와 양쪽의 바깥 복도인 아일(aisle) 같은 구조이다. 네이브 같은 가운데 열을 중심으로 좌우 열에 창문이 없는 일곱 개의 실이 줄지어 있다. 알테스뮤지엄의 전시실 벽면이 채광창과 혼재된 반면, 알테피나코테크의 경우는 채광창으로부터 자유롭다. 그 대신 두 겹의 우윳빛 유리로 구성된 천창에 의해 자연광이 은은하게 확산되어 들어온다. 작품의 조합만으로 구성되는 벽은 전기조명 없이도 '미술관' 하면 떠오르는 숭고한 분위기의 전시실을 만들어낸다.

천창은 미술관에서 습관적으로 천장부터 올려다보는 건축가가 아니라면 쉽게 존재를 알 수 없을 정도로 자연스럽다. 자연광은 시간에 따라 빛의 환경이 변하는데, 오전과 오후 어느 때에 방문해도 작품을 감상하는 데 불편함이 없다. 지금과 달리 촛불을 보조 광원으로 쓰던 시기에는 벽을 순수하게 그림을 걸기 위한 용도로 사용하려면 지붕을 관통하는 천창을 쓸 수밖에 없었고, 주요 전시실은 최상층에 있어야 했다. 알테피나코테크는 제이차세계대전 중 일부가 파괴되어 1957년 건축가 한스 될가스트(Hans Döllgast)에 의해 재건되었는데, 아일 부분에 계단이 추가됐을 뿐 원설계인 천창에 의한 자연 채광 방식을 그대로 사용하고 있다. 신고전주의 미술관들인 베를린 국립회화관(Gemäldegalerie), 뮌헨 노이에피나코테크(Neue Pinakothek), 런던 내셔널갤러리(The National Gallery) 등은 모두 최상층에 전시실을 배치한 알테피나코테크의 후예들이다. 이렇게 만들어진 미술관은 유형과 한계가 명확했고, 요즘 건축가들이 주목하는 미술관의 모습과는 다른 것이었다.

뉴욕 구겐하임미술관.(위)
르 코르뷔지에의 무한 성장 박물관 프로젝트 모형.(아래)

이십세기 들어 전기와 조명 기술의 발전으로 미술관들이 보다 자유로운 형태를 가질 수 있게 되었지만 십구세기 전형의 천창 전통을 계승한 경우들도 있다. 알테피나코테크 인근의 미술관들을 비롯해, 렌초 피아노가 설계한 바젤의 바이엘러재단미술관(Fondation Beyeler), 루이스 칸(Louis Kahn)이 설계한 텍사스의 킴벨미술관(Kimbell Art Museum) 등이 그 사례들이다. 이러한 현대 미술관들은 상층 대신 접근성이 좋은 1층 위주로 전시실을 배치하고 부대시설을 다른 층으로 옮긴 것을 제외하면, 알테피나코테크에 사용된 공간과 조명의 원칙을 유지하고 있다. 특히 모두 미술품 전시와 감상에 적합한 최고의 빛과 공간을 가지고 있어 전기조명은 보조적인 역할만을 한다.

좋은 건축물은 시대를 넘어서 교훈을 전한다. 미술의 흐름이 바뀌고 현대 미술관들이 지어지는 지금의 시점에서도 알테피나코테크는 여전히 감동적이다. 이는 서울관 설계에도 많은 영향을 미쳤다. 그러나 이십세기 주류 미술관들이 계승한 일세대 미술관의 전형은 사실 빛이라기보다는 선형의 동선이었다. 십구세기 전형의 형태적 한계를 벗어나 자유로운 형식의 건축 유형을 발전시키면서 이십세기 건축가들에게 미술관은 진보와 계몽의 근대적 이상을 실현하는 용도가 되었다. 1939년 르 코르뷔지에(Le Corbusier)의 무한 성장 박물관(Musée à croissance illimitée) 프로젝트나 프랭크 로이드 라이트의 뉴욕 구겐하임미술관은 그 대표적인 사례로, 이후 전 세계 뮤지엄에 지대한 영향을 주었다. 그중 무한 성장 박물관 프로젝트는 소장품을 늘려 가고 선형 동선을 구성하는 전 시대 전형을 근대적 건축 시스템으로 형상화했다.

도시와 미술관

이십세기 후반 들어 동시대(contemporary)의 미술관들은 전형에서 벗어나게 된다. 그 근본적인 이유는 건축이 담아야 할 미술이 지닌 새로움을 추구하는 속성에 있으며, 더불어 현대미술은 그 새로움이 형식과 내용 모두에서 광범위하게 이루어지기 때문이다. 예를 들어 인상파, 신인상파 혹은 후기인상파 작품 모두 캔버스에 유화라는 형식을 유지했기에 이들을 위해서는 새로운 미술관이 요구되지 않는다. 하지만 현대미술은 회화와 조각 등 형식이 융합되거나 영상, 음향과 결합해 표출되기도 하며, 미술관이라는 제도 그 자체를 실험하기도 한다. 또한 고전미술에서는 작가가 작품의 완성을 목표로 창작에만 집중한 반면, 현대미술에서는 작가가 작품 구상 단계부터 전시와 관람객을 고려한다. 이러한 이유로 새로운 작품에는 새로운 미술관이 요구된다.

근대 미술관의 경우, 전 세계가 유사한 유형을 공유하고자 하는 국제 양식(international style)의 정신이 있었다. 그러나 현대

미술관은 단순히 작품의 전시만을 위해 존재하는 게 아니라 각 나라 각 도시의 문화적 상황과 밀접한 관계를 맺으며 그 도시를 대표한다. 어느 한 도시의 미술관과 유사한 미술관이 다른 도시에 세워지는 것은 상상하기 어렵고, 같은 건축가의 작품이라 하더라도 도시마다 다양한 형식을 보여주는 데 익숙해지고 있다.

파리는 유리창 하나도 전통의 굴레에서 벗어나는 것을 허락하지 않는 도시다. 그 한복판에 위치한 퐁피두센터(Centre Pompidou)는 렌초 피아노와 리처드 로저스(Richard Rogers)에 의해 설계된 복합문화공간으로, 국립현대미술관(Musée National d'Art Moderne)을 비롯해 도서관과 음향연구소 등이 자리한다. 미스 반 데어 로에(L. Mies van der Rohe)의 신(新)국립미술관(Neue Nationalgalerie)의 무주공간(無柱空間)에서 아이디어를 얻어 설계를 시작했으나, 모든 구조와 설비를 노출한 가변적인 전시실로 발전시켜 미술관을 유연한 용기이자 역동적인 소통 기계로 확장했다.[7]

화력발전소를 개조한 테이트모던은 산업혁명이 시작된 런던과 어울리는 현대미술의 중심지로 자리잡았다. 빌바오 구겐하임미술관(Guggenheim Museum Bilbao)은 프랭크 게리(Frank O. Gehry)가 초기 주택 작품부터 보였던 일관되고 독특한 형상을 완성한 사례로, 낙후된 도심의 재생 임무를 띠고 전투기 외피 재료를 외관에 적용시켰다. 자하 하디드(Zaha Hadid)의 로마 국립이십일세기미술관(Museo nazionale delle arti del XXI secolo)은 자신이 평생 추구한 곡선의 조형을 로마제국 중심에 심었고, 장 누벨(Jean Nouvel)의 루브르 아부다비(Louvre Abu Dhabi)는 사막 한가운데서 미술에 대한 갈증을 풀어 주는 오아시스 역할을 하고 있다. 이렇듯 현대 미술관들은 도시와의 고유하고 독창적인 결합을 시도하며 전형이 없는, 자유롭고 창의적인 건축의 세계를 보여준다.

그러나 이들은 그 문화적 배경과 미술적 상황이 결합되어 있어 건축만으로 평가하는 것은 적절치 않다. 퐁피두센터의 성공은 창의적인 건축 시스템 자체에도 의미가 있지만, 형상의 이미지와 일치하는 전시 기획과 운영, 대중에 대한 접근 노력과 질적인 수용자 문화를 형성하는 교육 프로그램에 기인한다. 파리라는 도시가 가지고 있는 문화적 여건, 특히 현대미술의 생생한 논쟁과 실험이 이루어지는 그 단단한 기반 위에 퐁피두센터가 자리잡고 있는 것이다. 한편 빌바오 구겐하임미술관은 세계화의 맥락에서 건축 자체가 조형적 작품이 되어 관광객을 유치했고, 소위 '빌바오 효과'라고 일컬어지는 도시 재생의 역할을 성공적으로 실현했다. 그러나 프로그램 운영 면에서는 이 미술관이 지역사회에 어떤 뿌리를 내릴 수 있는지, 미술관 경영의 새로운 전략적 목표는 무엇인지, 독특한 전시공간에 맞는 기획을 통해 지역사회는 무엇을 얻을 수 있는지, 이 미술관의 국제적인 경쟁력은 어떤 맥락에서 유지될 수 있는지 등의 의문을 제기할 수 있다.[8] 경영은 건축가의 몫은 아니지만, 미술관이 작품을 담고 전시하는 공간이라는 측면에서, 혹은 작품과 관객을 연결하는 미술관의 용도 면에서 보자면, 그 건축은 분명 한계를 드러낸다. 커미션 작업을 두고 벌어진 건축가 프랭크 게리와 조각가 리처드 세라(Richard Serra) 간의 논쟁은 이를 대변한다. 이에 대해 미국의 작가이자 미술평론가인 캘빈 톰킨스(Calvin Tomkins)는 다음과 같이 지적한다. "작품과 건축 중 건축이 우선이라는 프랭크 게리의 주장에 동의할 수 있다. 그러나 문제는 그 건축이 작품을 위한 인프라가 되지 못하고 스스로 서 있기에 급급한 전시실의 형태라는 점이다. 작품과 호흡하기 어려운 형태도 문제지만 건축 구조, 전기조명과 설비 등 엔지니어링적 특징을 살펴보면 대부분의 작품은 단지 바닥에만 놓을 수 있어 전시물이 한정될 뿐 아니라 작품과 관람객이 일체되고 공간으로 완성되는 데 한계가 있다. 이것은 미술관의 형상이 작품과 대립하는 문제라기보다 더욱 심각하게 부족한 전시실 인프라의 문제이다."[9] 아부다비와 같이 문화와 미술의 기반이 약한 도시의 경우는 어떤 건축가라도 주관성이 강한 건축적 형상을 제안했을 것이다. 이러한 이미지 건축의 경향은 직접 경험하지 않으나 모두가 이미지를 공유하는 '스펙터클의 사회(La Société du spectacle)'에서는 더욱 가속화될 것이고, 이미 그 가능성이 보이는 것도 사실이다.[10]

그러나 우리가 한국을 대표하는 미술관을 만들어 우리 문화 예술의 자긍심을 지켜 가고자 한다면 보다 근본으로 돌아가 볼 필요가 있다. 뮤지엄의 기원은 고대 그리스 및 이집트의 연구와 교육 기능에 있다. 시민혁명 이후 루브르박물관은 박애정신에 따라 개장했고 현대의 미술관에까지 이르렀다. 서울관이 이를 계승한, 교육 기능에 무게를 둔 미술관이 될지 혹은 개성있는 형상의 테마파크 같은 미술관이 될지는 우리나라 미술계와 서울의 문화적 상황, 장소의 특징을 나침반으로 삼아 결정할 수 있는 문제였다.

미술관의 역할을 보여주는 과거 사례를 살펴보면, 1937년 독일에서는 나치 정권을 선전하기 위해 뮌헨의 하우스데어쿤스트(Haus der Kunst) 같은 거대한 규모로 과장된 신전형 미술관이 지어진 반면, 1929년 미국에서는 필립 굿윈(Philip L. Goodwin)과 에드워드 듀렐 스톤(Edward Durell Stone)에 의해 전시실 위주로 기능적으로 설계된 뉴욕 현대미술관(The Museum of Modern Art)이 개관했다. 당시 대표적인 모더니즘 경향의 작품을 수집하고 선보인 뉴욕 현대미술관의 전시는 미술계 흐름에 결정적인 영향을 미치기 시작했으며, 화이트큐브 전시실을 중심으로 근대 추상미술의 정립과 발전을 가능케 한 하나의 제도가 되었다. 이는 작가, 화랑, 평론, 수집가 등 미술계 전반에 걸쳐 시대를 선도하는 역할을 했을 뿐만 아니라 결과적으로 미술의 중심지가 유럽에서 뉴욕으로 이동하는 계기를 마련했다. 또한 2004년에는 다니구치 요시오(谷口吉生)에 의해 개축되면서, '빌바오 효과'가 유행하던 와중에 전시실 중심 설계의 중요성을 다시금 부각시켰다.[11]

2009년 서울관 공모가 시작됐을 때 요구된 것은

1986년 세워진 과천관의 역할을 확장하고 그 한계를 개선하는 미술관이었다. 과천관이 1980년대를 대표하는 벽면 전시 중심의 근대 미술관이라고 하면, 서울관은 미디어를 넘나드는 설치와 다원 예술을 포함한 동시대 미술관이 되어야 했다. 그리고 한적한 자연과 함께하는 장점이 있는 과천관과 대비되게 서울관은 도심에서 카페를 찾듯 미술을 감상하는 일상적 경험을 주어야 했다. 혹은 대기업에서 운영하는 사립 미술관들이 상업적이거나 유명 작가 작품을 소개한다고 하면, 서울관은 공공 미술관으로서 작가를 발굴하고 육성하며 뉴욕 현대미술관이나 테이트모던, 혹은 퐁피두센터처럼 한국의 현대미술을 이끌 하나의 제도여야 했다.

만약 서울에 제도적 중심이 되는 동시대 미술관이 이미 존재하고 있다면, 두번째는 빌바오 구겐하임미술관 같은 건축 중심의 미술관이 되는 것도 개연성이 있다. 세번째, 네번째는 더욱 새로운 건축을 추구할 수 있다. 그러나 당시 한국 경제 발전과 서울의 위상에 비해 공공 미술관의 상황은 열악했다. 국가를 대표하는 국립 미술관이 서울에서 입지를 확보하지 못해 과천 청계산 중턱에 자리했고, 그것도 서울대공원을 통해 접근할 수 있었다. 미술관을 '작품을 위한 미술관'과 '작품이 된 미술관'으로 구분했을 때, 한국은 '작품을 위한 미술관'이 절실했다. 공모지침과 심사위원 구성도 이러한 상황에 맞춰져 있었으며, 1차 공모전에 당선된 다섯 팀의 작품들도 '작품을 위한 미술관'에 해당했다. 서울관은 한국과 서울을 대표하는 미술관, '작품을 위한 미술관'이 되기 위해서는 자기참조적(self-referential)인 언어의 건축보다 서울이 가진 도시적이고 역사적인 성격과 결합해 장소특정적인 아이덴티티를 만들어내야 했다. 이십일세기 서울의 중심지를 어떻게 해석하는가가 서울관 계획의 중요한 시작이었다.

서울과 소격동 대지

서울관 대지에서 가장 먼저 눈에 띄는 것은 서쪽에 위치한 경복궁이다. 1996년 경복궁 앞을 가리던 조선총독부청사 철거를 시작으로 궁 내의 건물들이 수년에 걸쳐 복원되었다. 이후 광화문 앞길에 광화문광장이 생기고 한양도성도 복원되어 오면서, 오늘날의 서울은 경복궁을 중심으로 역사 도시의 위상을 재정립해 가고 있다. 일반적으로 현대 미술관은 낙후된 지역에 들어서는 사례가 빈번하다. 서울관과 같이 살아 있는 역사적인 장소 옆에 신축되는 경우는 세계적으로도 흔치 않다. 그렇기에 경복궁 중심의 도시적 맥락과의 결합은 서울관에서 중요한 건축적 개념이었다.

『삼국사기(三國史記)』에 수록된 「백제본기(百濟本紀)」에서는 온조왕이 지은 궁궐에 대해 '검이불루 화이불치(儉而不陋 華而不侈)', 즉 검소하지만 누추하지 않고 화려하지만 사치스럽지 않다고 했다. 이 이야기는 조선시대 한양의 도시설계와 경복궁 건립을 주도한 정도전의 『조선경국전(朝鮮經國典)』에도 비슷하게 반복된다. 유홍준은 이것이 백제부터 조선까지 내려오는, 한국 전통건축을 관통하는 미학이라고 보았다.[12] 좀 더 미시적으로 보면 백제 온조왕 시기나 조선 초기는 국가의 기틀을 막 마련했던 건실한 때로, 당시에 지어진 건축물은 인위적인 장식과 과장보다는 공동체의 용도에 충실하며, 여기에는 국가를 구축한 사람들의 자신감이 녹아 있다. 서양 건축의 양식사에서도 마찬가지이다. 로마네스크 건축이 고딕 건축보다 기교 없이 물성과 원칙에 충실하며, 르네상스 건축이 기교와 장식이 많은 바로크나 로코코 양식의 건축보다 건실하고 중력에 충실하다. 대한민국의 '케이컬처(K-Culture)'가 전 세계에 영향을 주며 문화의 흐름을 이끌고 있던 2010년, 이러한 선대의 반복적인 역사들이 떠올랐고, 서울관이 은유적이고 수사적으로 장식되어 부유하기보다는 경복궁처럼 명쾌하며 내적 의미로 충만한 형상이 되기를 기대했다.

서울의 이미지에서 경복궁은 강력한 컨텍스트를 형성하지만, 한편으로 주변 대지에는 많은 규제를 가한다. 따라서 이 일대에

공중에서 본 경복궁과 중앙청 일대.
경복궁 동쪽으로 서울관 부지와 정독도서관으로 옮겨지기 전의 종친부가 보인다. 1954.

서울관이 들어서기 전의 위성 사진.
오른쪽 정독도서관에서 이전복원 되기 전의 종친부 모습을 확인할 수 있으며,
현재의 종친부 자리에는 기무사 테니스장이 있다. 2010.

인왕산에서 바라본 경복궁과 서울관의 전경.

하나은행
덕성여대

경복궁을 압도하는 건물이 들어설 수는 없다. 이러한 가운데 서울관은 국가와 도시를 대표하는 미술관으로서의 존재감을 가져야 하는 어려운 임무를 지게 된 것이다. 경복궁 주변은 고도지구로 지정되어 12미터의 높이 제한이 있기 때문에, 옛 기무사 본관(현재의 미술관 주출입구) 높이 이상으로 계획될 수 없었다. 이런 도시의 상황과 규제 속에서 납작한 미술관이 될 수밖에 없었고, 과천관에 버금가는 전시 면적을 마련하려면 내부에서는 지하가 중심이 되는 공간이, 외부에서는 건물보다는 오픈 스페이스, 즉 외부 공간의 배열 방식이 중요했다. 또한 경복궁과 북촌 등 서울의 대표 문화적 환경과 조화를 이룰 건축 재료에 대한 깊은 고민이 필요했다.

서울의 특징 중 하나는 산이 많다는 것이다. 특히 경복궁의 주산(主山)인 백악산(북악산)은 광화문광장이 조성되면서 경복궁과 함께 대표적인 풍경(landscape)이 되었다. 설계 초기에는 서울관과 어떻게 관계 지을지와 관련해 백악산에 주목했다. 그러나 막상 서울관 터에서 주변을 바라보니 눈길을 사로잡는 것은 백악산이 아니라 경복궁 일련의 지붕 위로 모습을 드러낸 인왕산이었다. 군사 정권 이후 오랫동안 시민의 발길이 닿을 수 없었던 인왕산은, 물리적으로는 가깝지만 심리적으로는 먼 산이었다. 시대가 바뀌면서 개방되었으나 여전히 거리감이 있었다. 이러한 인왕산을 시민들에게 되돌려주기 위해 서울관의 주요한 풍경으로 만들고자 했다.

옛 기무사 본관에서는 경복궁과 그 너머의 인왕산이 한눈에 들어온다. 해 질 녘 전시 관람이 끝난 사람들이 경복궁과 인왕산을 배경으로 휴식을 즐기는 장소를 상상했다. 보통 건축 현장 답사는 새벽이나 저녁에 한다. 밝을 때와 어두울 때를 같이 볼 수 있기 때문이다. 새벽에는 아무도 없는 도시의 건조환경(built environment)이 보이고 저녁에는 사람들이 보인다. 미술관 경험은 해 뜨는 새벽에 하는 것이 아니라서 해 질 녘의 풍광이 가장 중요한 고려사항이었다. 우리만 인왕산의 모습을 그린 것이 아닌 듯, 서울관 개관 후 2014년에 열린 첫번째 「젊은 건축가 프로그램(Young Architects Program)」[13]에서 그룹 '문지방'은 인왕산을 배경으로 〈신선놀음〉을 선보였다. 미술관마당에 구름 모양의 풍선과 미스트, 계단 등이 설치되어 마치 신선이 된 듯 거닐 수 있었는데, 겸재(謙齋) 정선(鄭敾)의 〈인왕제색도(仁王霽色圖)〉가 가진 의미를 함축하면서도 서울관의 의도와 잘 맞는 작품이자 풍경이었다.

서울관 터 주변에는 실핏줄처럼 얽힌 보행 가로가 있다. 북촌의 골목길이다. 한옥과 함께 이 골목길은 북촌의 물리적인 정체성이다. 그러나 서울관 터에는 오래도록 군부대가 자리했기에, 이들은 모두 터 근처에서 막다른 길이 되었고 걸어 다니는 사람이 적어 분위기가 음산했다. 자동차 중심의 미국 도시를 비판해 엄청난 반향을 일으킨 작가 제인 제이콥스(Jane Jacobs)는 "도시를 생각해 보면 떠오르는 것은 도시의 가로이고 어느 도시의 가로가 흥미롭게 보인다면 그 도시는 흥미롭다. 가로가 따분해 보인다면 그 도시는 따분하다"[14]라고 했다. 도시가 안전하려면 걸어 다니는 사람들이 많아야 한다. 보행자가 많으려면 막다른 길 없이 관통하는 길이 많아져야 한다. 보행자가 늘고 보행 환경이 좋아지는 것은 가로 자체의 디자인보다 가로가 접하고 있는 건축물의 환경과 밀접하게 관계된다. 북촌의 골목길은 여러 건축들의 결과물이고 이를 건강하게 회복시켜야 한다는 도시적인 임무가 서울관에 주어졌다. 끊어진 길들을 잇고, 나아가 그 길들을 미술관 외부 공간과 이어 땅 안팎의 경계를 지우는 방법을 스케치했다. 북촌의 여러 골목길을 모두 미술관으로 향하는 접근로로 쓴다면 건물의 앞뒤를 구분할 필요도 사라질 것이었다.

그렇게 경계 없는 열린 미술관, 사방에서 접근 가능한 미술관을 구상할 수 있었다. 이웃 상점들이 활성화되고 다시 미술관의 방문객이 늘어나는 공생 관계가 그려졌다. 서울관의 발전은 주변 골목길의 성장과 같이한다. 상업 쪽으로 기울어진

교육동 3층에서 본 경복궁마당. 이곳에서는 인왕산의 풍광이 한눈에 들어온다.

미술관마당에 설치된 건축 그룹 '문지방'의 〈신선놀음〉. 2014.
정선의 〈인왕제색도〉를 모티프로 한 작품이다.

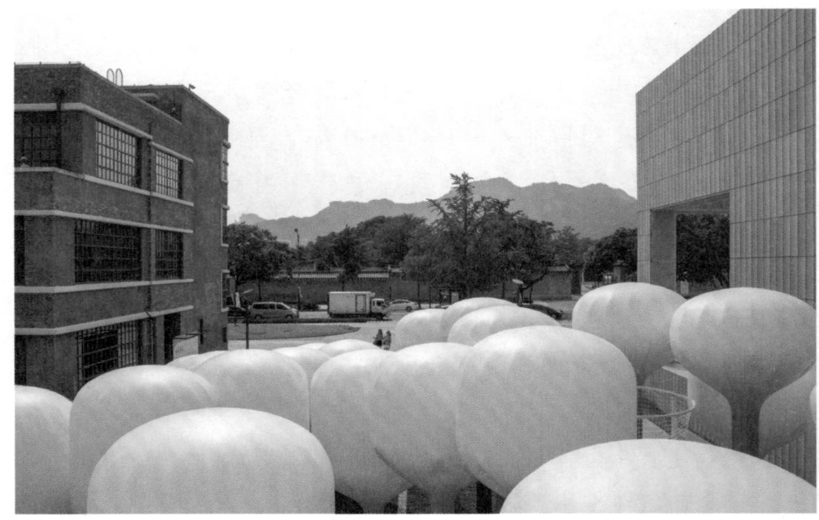

북촌의 눈금을 공공시설이 보정해 줄 수 있었다. 북촌의 한옥들이 작은 상점으로 재창조되어 온 것을 보면서, 이집트 출신의 도시건축학자 네자르 알사야드(Nezar AlSayyad)가 "현대 도시에서 전통이 자생적으로 살아남는 현실적인 방법은 상업화이다"[15]라고 주장했던 것이 생각났다. 이는 미국과 이집트에 대한 이야기지만, 우리나라 북촌의 상황에도 대입해 볼 수 있다. 전통이 자생력이 없고 상업성에 의지한다는 것이 불편한 현실로 비춰질 수 있지만, 거대화되고 브랜드화된 상업시설과 대비적으로 북촌 상권은 소규모이며 지역적 특성이 살아 있다. 여기에 더하여 공공 건축은 경쟁적인 인간을 보완하는 '우리'라는 공동체의 인프라를 구성하고 어떻게 컨트롤할 것인가의 담론을 다루어야 한다. 이것은 현대 지리학의 문제이자 건축과 도시학의 문제이다. 서울관은 전통과의 관계 속에서 상업과 대비되는 공공의 무언가를 표상해야만 했다. 주변의 상업시설과 조화로우면서 대비적인 미술관의 건축 이미지와 그 사이를 중재할 중립적이고 비어 있는 마당이 중요한 역할을 하리라 기대했다. 이미 이곳의 지구단위계획에서도 공중보행로와 가로변 계획 등이 우리의 생각과 유사하게 만들어져 있었다.

북촌은 미시적으로 들어가면 상업 내에서도 다양한 문화들이 층위를 이루고 있다. 사람들에게 북촌의 도시 그리기(mapping)를 하게 하면, 연령대, 계층, 기호 등에 따라 각기 다른 지도가 그려질 것이다. 북촌은 주로 이삼십대의 젊은 연령층이 즐길 만한 장소로 보이지만 오육십대가 좋아하는 공간도 숨어 있어 전혀 다른 지도들을 기대할 수 있다. 누군가는 좋아하는 상점들이 다 들어간 거미줄 같은 자세한 지도를, 또 다른 누군가는 출퇴근길이나 항상 가는 길만을 포함시킨 거친 지도를 그려낼 것이다. 오랜 주민들이 자신의 동네를 즐기는 방식은 관광객들과는 차이가 있기 마련이고, 쇼핑과 멋진 카페를 좋아하는 사람들 역시 다른 지도를 갖게 된다. 실핏줄 같은 골목길을 상세히 기억하는 사람이 있는가 하면 길보다는 가게의 위치만 기억하는 사람도 있고, 사진

찍을 만한 분위기를 좋아하는 사람도 있다. 결국 도시는 하나지만 저마다의 머릿속에 다른 형태로 존재하며, 여러 얼굴을 가진 도시는 다양한 사람들을 품어 준다. 이들이 그린 지도를 겹쳐 보면, 북촌의 전체적인 모습이 그려진다.

이같이 도시는 다양한 행위를 담는 포용력을 지닌다. 서울관을 어떻게 설계하면 미술을 좋아하는 사람뿐만 아니라 다양한 사람들이 즐기는 하나의 도시 같은 건축물로 만들어낼 수 있을지가 관건이었다. 전시가 좋아서 방문하는 사람뿐만 아니라, 데이트 코스로 즐기는 사람, 종친부(宗親府)[16]와 경복궁 등 전통적인 분위기를 좋아하는 사람, 아트숍이나 여유로운 카페 공간을 찾는 사람 등, 각자의 지도를 적층한 미술관을 그려 보았다. 그러자 작은 단편들은 더 이상 중요치 않아졌다.

도시와 미술관의 관계는 눈에 보이는 물리적 환경에서 시작해 문화적 이데올로기에도 영향을 받는다. 예술 작품은 하얀 상자 같은 공간 안에 홀로 존재하는 것이 아니라 공간의 구성 요소들과 함께 존재하고, 건축은 주변의 맥락과 어우러지며, 건축과 예술 작품은 상호작용한다. 서울관은 전통적인 공간과 현대적인 공간, 독립적인 공간과 연결된 공간을 함께 사용함으로써 역동적이고 다채롭다.

흔히들 도시는 가장 번성했던 시대의 모습으로 남는다고 한다. 이천여 년 전 고대 로마제국의 모습으로 박제된 로마, 베네치아 르네상스(Venetian Renaissance) 시기의 건축물들을 간직하고 있는 베네치아, 십팔세기 오스만(G. E. Haussmann)이 개조한 가로 그대로 남은 파리. 현재의 서울은 그 중심부에선 전통과 역사를 회복함과 동시에 세계 속에서 문화적 경제적 번성기를 맞고 있으며, 미래의 모습까지 꿈꾸고 있다.

북촌의 오래되고 작은 모습들은 경복궁이나 종친부 같은 자부할 만한 문화재보다 더 현실적이면서도 풍요롭고 건강한 도시를 구성하는 요소라고 볼 수 있다. 우리의 고민은 서울관이 들어서고 어떻게 그 문화가 지속 가능하도록 돕는가에 있었다.

이러한 관점에서 서울관의 지리적 위치는 역사성과 고유성에서 손색이 없어, 과거, 현재, 그리고 미래의 서울과 결합하는, 진정 동시대적인 미술관의 위치가 될 것이라는 많은 가능성을 품고 있었다.

2
셰이프리스 미술관:
형상에서 전략으로

셰이프리스 미술관은 최종적인 형상의 제안이라기보다는,
문제 해결의 전략 및 절차적 제안이다.
— 서울관 2차 공모전 발표문 중에서[17]

두 번의 공모전

서울관 계획은 2009년 초 국립현대미술관 건립 계획이 발표된 후 그해 12월부터 이듬해 8월까지 두 차례의 공모전을 거치며 시작되었다. 그전부터 한국을 대표하는 미술관이 서울에 들어서는 것은 오랜 미술계의 염원이었고, 터와 도시, 미술관 자체에 대해 수없이 논의되어 온 프로젝트였다. 그래서인지 공모전 역시 그 청사진을 마련하기 위해 철저하고 체계적으로 진행되었다.

2009년 12월부터 2010년 2월까지 진행된 1차 공모전은 아이디어 공모였다. 미술관 면적에 대한 기준도, 프로그램에 대한 기준도 없었다. 말하자면 '경복궁 옆, 소격동 부지'에 대한 해석과 함께 어떤 동시대 미술관의 아이디어를 이끌어낼 수 있을지 가늠하는 단계였다. 수백 개 팀이 신청했고 최종적으로는 백십삼 개 팀이 참가한, 당시로서는 전례가 없는 대형 공모전이었다. 국제적으로 이름이 알려진 미술관 건축의 전문가들이 심사위원으로 모여 전문성을 더함으로써, 공정한 공모가 되리라 예상되었다. 그중에는 건축사무소 사나(SANAA)의 세지마 가즈요(妹島和世), 베네치아대학 건축사학과 교수인 마르코 포가츠니크(Marko Pogacnik), 뉴욕 현대미술관 건축 부문 수석 큐레이터이자 컬럼비아대학 건축학과 교수인 배리 버그돌(Barry Bergdoll) 등이 포함되어 있었다.

1차 공모전의 핵심은 '옛 기무사 부지의 미술관'이었다. 우리는 새로운 미술관의 개념을 주장하기 위해 미술관을 정의하는 형식의 제안서를 만들었다. 그 과정에서 서울관은 여러 방식으로 정의되었다. 먼저 르 코르뷔지에가 제시한 '무한 성장

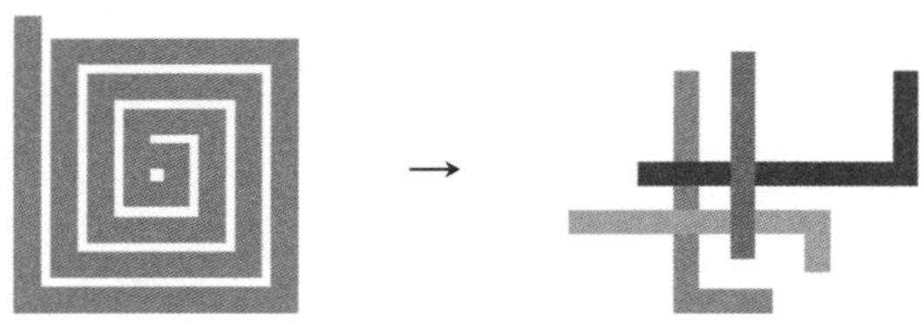

'무한 성장 박물관'(왼쪽)과 그 안티테제인 '무한 교류 미술관'(오른쪽) 다이어그램.

'무한 교류 미술관'의 아이디어를 주변 맥락과의 결합에 따라
조정한 1차 공모전 제출안의 배치도. 2010. 2.

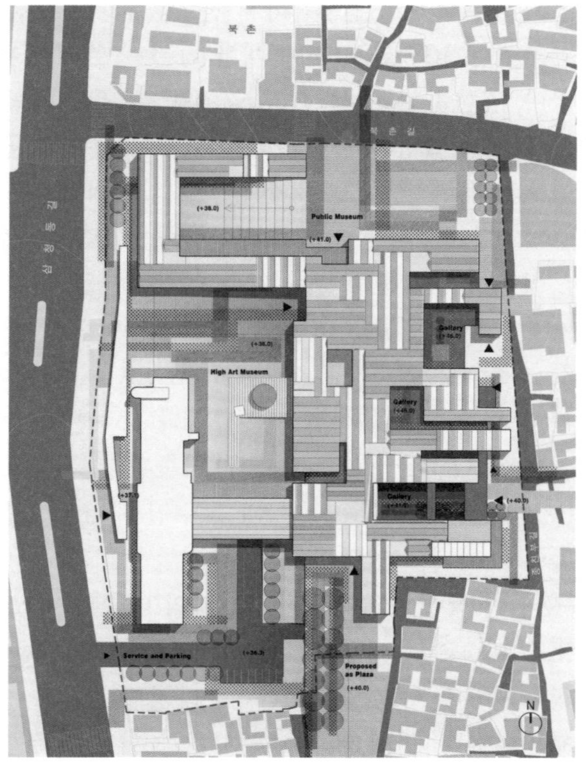

박물관'의 안티테제로, 관객과 소통하지 않는 수장고를 줄이고 전시실 간의 교류를 최대화한 '무한 교류 미술관(A Museum for Unlimited Communication)'이다. 그 외에도 문화재와 조율되어야 하는 대지의 특성을 고려해 지하 공간에 핵심 시설을 둔 '지중 미술관(underground museum)', 경복궁이라는 대규모 건축물과 북촌의 작은 건축물들 사이를 연결해 대비적인 규모의 문화 활동에 반응하는 '멀티스케일 미술관(multi scale museum)', 무한 교류의 개념으로 전시실 사이를 창으로 연결해 다음 공간의 전시를 미리 보여주는 '보이어 미술관(voyeur museum)' 등이 있었다. 그중 주변의 도시적 역사적 맥락에 조용히 녹아드는 '셰이프리스 미술관(shapeless museum)'은 우리 프로젝트를 대표하는 제목이기도 했다. 결과적으로 건축 형상이 아닌 열린 공간의 배열에 무게를 두는 개념으로, 여기에는 추후 발생 가능한 사회적 요구나 문화재 발굴 등에 빠르게 대응할 여지를 남겨 두려는 부수적인 이유도 있었다.

사실 우리는 이례적으로 높은 경쟁률에 당선을 목표로 하기보다는 건축과 문화에 대한 생각을 정리해 보자는 의도로 참가했다. 심사위원 구성이 우수해 적어도 백 개 팀은 참가할 것 같으니 우리는 그만큼 많은 아이디어를 내 보자며 개념적인 모형을 만들었고, 모형의 현실화를 생각하면서 구체화했다. 이천분의 일, 손바닥만 한 크기의 미술관 모형과 그 속의 1밀리미터도 안 되는 작은 사람들을 들여다보며 공간과 움직임을 상상했다. 최종 제출 도서에서는 미술관이 사방의 주변 맥락과 어떻게 결합할 것인가의 전략이 배치도로 그려졌다.

1차 공모전 심사 발표를 이틀 앞둔 2010년 1월 30일, 옛 기무사 강당에서는 '새로운 시대의 새로운 미술관 건축'을 주제로 학술 세미나가 열렸다. 심사위원이었던 배리 버그돌, 마르코 포가츠니크의 강연이 포함됐다. 두 달 가까이 경복궁 옆 장소성을 고민했던 우리에게 이 강연들은 일반적인 동시대 미술관의 지형을 그려 주었다. 배리 버그돌이 미술관 건축의

전시실 간 시선이 연결된 빈 분리파전시관 내부.(위)
'보이어 미술관' 개념을 적용한 서울관 전시실 가상도. 2010. 2.(아래)

과거와 현재까지를 관념적으로 바라본다면, 마르코 포가츠니크는 현대미술의 전시 개념 변화에 따라 동시대 미술관이 어떻게 변화해 왔는지 풍부하고 실증적으로 접근했다. 1차 준비 중에 들었다면 좋았겠다는 아쉬움이 많았고, 2차를 준비하는 동안에는 이를 반영하여 세계적 미술관 경향을 서울의 맥락에 녹여내려고 노력했다.

1차에서 총 다섯 개의 팀이 선정되어 설계 공모인 2차 공모전을 치르게 되었다. 제출해야 할 내용이 많아져 설계 팀의 규모를 확장했다. 1차에 참가했으나 본선에 오르지 못한 시아플랜(SIAPLAN)과 플라(PLA), 꼬뮤 A.I(COMMU A.I)가 합류해 '건축사사무소 엠피아트 컨소시엄'이 구성되었다. 본격적인 진행에 앞서 발주처가 참석한 세미나가 몇 차례 열렸다. 미술관 학예사들과 계획안에 대해 많은 질의응답을 나누었고,

대지가 갖고 있는 현실적인 어려움과 셰이프리스 미술관의 전략을 차례로 역설했다. 1차에서 다룬 개념들 중 하나였던 '보이어 미술관'은 1890년대 요제프 올브리히(Josef M. Olbrich)가 신고전주의 건축물을 개축해 설계한 빈 분리파전시관(Wiener Secessionsgebäude)을 참고한 것인데, 이 사례는 건축가 루이스 칸이 설계한 예일대학 영국미술센터(Yale Center for British Art)의 전시실 간 시각적 관계에 영향을 준 모델이기도 하다. 이와 관련해 우리는 한 전시실에는 몬드리안의 작품이, 다른 전시실에는 피카소의 작품이 렌더링된 이미지를 보여주며 시각적으로 연결된 전시실의 조합을 제안했다. 한 학예사가 몬드리안과 피카소의 작품이 함께 전시되고 있는 것에 대해 의문을 표했다. 사실 이것은 임의의 이미지로, 피카소와 몬드리안의 문제는 아니었지만 이 질문은 우리에게 필요한 전시실이 무엇이어야 하는지 다시금 고민하게 만들었다. 1차 공모전이 대지의 맥락을 중심으로 진행되어 전시를 피상적으로 고려했다면, 학술 세미나 덕분에 구체적으로 사용자의 입장에서 전시의 문제에 접근할 수 있었다. 이후 2차 공모전에서는 집중하고 머무르는 전시실을 중심으로 계획을 수정했다.

1차 공모전에서 미술관의 개념을 찾기 위한 아이디어가 필요했다면, 2차 공모전에서는 미술관 면적과 프로그램을 포함한 구체적인 미술관 설계가 요구되었다. 그러나 더 중요한 것은, 서울관 부지의 성격이 달라졌다는 데 있었다. 2차 공모전이 한창이던 2010년 6월 9일, 서울관 부지의 매장 문화재 발굴조사 과정에서 종친부 건물의 유구(遺構)가 출토되었다는 발표가 있었다. 이에 따라 1981년 신군부에 의해 정독도서관으로 옮겨졌던 경근당(敬近堂)과 옥첩당(玉牒堂)이 원위치로 이전복원될 예정이라고 했다. 멀리 보면 작은 한옥 두 채를 복원하는 일이지만, 이 사건은 미술관 터에 근본적인 변화를 가져왔다. '옛 기무사 터 미술관'에서 '종친부 터 미술관'으로 그 정체성이 크게 바뀐 것이다. 그러나 우리가 제안했던 개념 중 열린 공간, 즉 '마당'은 여기에 유연하게 대처하며 설계안을 발전시킬 수 있는 개념이었고, 오히려 유리한 상황이라고 판단했다. 이곳이 처음부터 종친부 터로 알려졌다면 한옥들의 복원이 주안점이 되고 전통과 관련된 시설이 들어섰을 것이다. 새로운 작가와 작품을 발굴하는 전시가 주축이 되는 동시대 미술관은 그 누구도 주장하기 어려웠을 것이기에, 과거지향적인 종친부 터에 미래지향적인 현대 미술관이 들어선다는 것은 역설적인 조합이 되었다. 이상적인 풍경은 그려졌지만, 그만큼 현실적인 합일 과정에서는 어려움이 가중되리라 예상되었다.

2차 공모전에서는 종친부와 마주하는 서울관의 자세를 재정립해야 했다. 백 평이 채 되지 않는 종친부의 건물들을, 만 평이 넘는 미술관이 어떻게 대해야 할까. 그런 다음 『숙천제아도(宿踐諸衙圖)』[18]에 수록된 〈종친부〉를 서울관 대지 도면에 콜라주했다. 이 그림에는 지금의 경근당인 관대청(官大廳)이 중심에 있고 그 아래 내삼문과 솟을대문이 경복궁 방향으로 축을 이루고 있다. 이 위에 옛 기무사 본관을, 그리고 계획 중이었던 미술관 건물을 겹쳐 보자, 그 둘의 긴장 관계 사이에 미술관이 슬며시 자리를 차지했다. 터의 중심에 들어선 경근당 앞으로는 경복궁과 인왕산이 어우러졌다. 전통과 현대, 과거와 미래가 기존의 도시와 결합하고, 이것은 서울관을 장소특정적인 미술관 그 자체로 만들어 줄 것이었다.

마당은 종친부의 등장으로 전통 요소가 가미되어 더욱 힘을 얻었고, 셰이프리스 미술관의 핵심으로 진화되었다. 일제강점기 경성의학전문학교 도면을 자세히 관찰하면서 종친부 내삼문의 위치와 아랫마당과 윗마당의 흔적을 찾았다. 종친부 기단의 높이에서 윗마당의 높이가 확인되고 옛 기무사 본관 지층에서 아랫마당의 높이가 그려진다. 그 높이차에 걸쳐 내삼문과 담장이 세워져 있는 모습이 상상되었다. 솟을대문과 내삼문 그리고 경근당이 있었던 위치는 하나의 축으로 수렴된다. 이 축상에 두 마당을 위치시켰다. 또한 이 도면상으로는 경근당을 중심으로

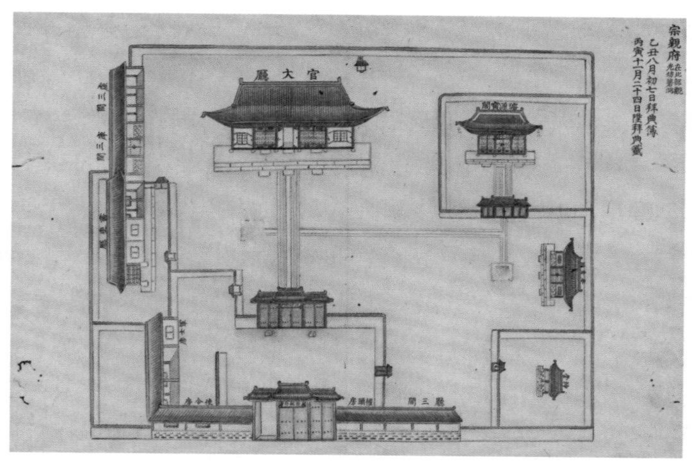

『숙천제아도』에 수록된 〈종친부〉. 십구세기 중반.
맨 아래 솟을대문부터 일직선으로 내삼문, 관대청(경근당)이 하나의 축을 이루고 있다.

경성의학전문학교 부속의원 배치도. 1932. 이 도면의 정확한 치수 관계 속에 종친부 터(오른쪽)와 옛 기무사 터(왼쪽)를 조율할 수 있었다.

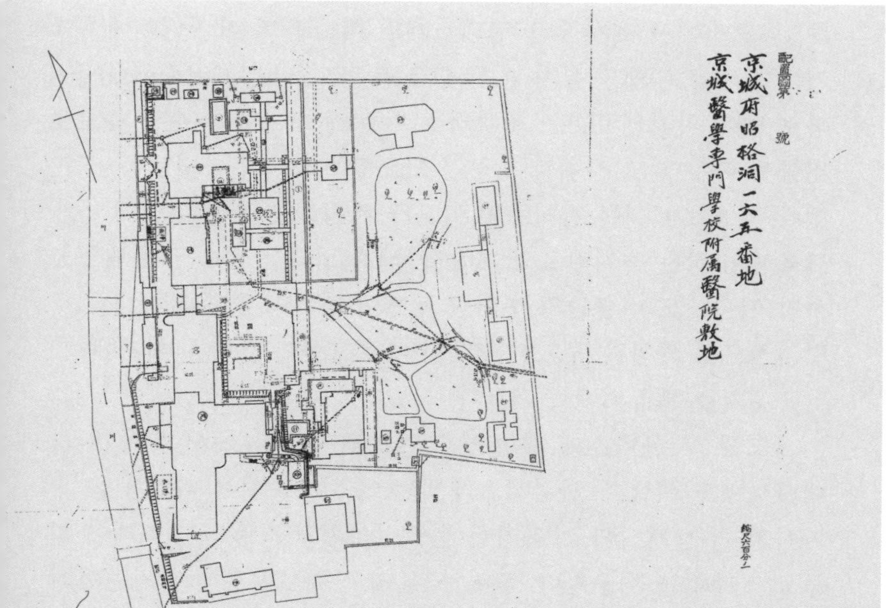

京城府昭格洞一六五番地
京城醫學專門學校附属醫院敷地

왼쪽에 이승당(貳丞堂), 오른쪽에 옥첩당 이렇게 세 건물이 보여 〈종친부〉로는 확인할 수 없었던 위치를 파악할 수 있다. 하지만 이승당은 소실되었고 옥첩당은 그 앞이 옛 기무사 본관으로 막혀 있어 미술관이 준공되면 경근당만 온전히 정면에 노출될 것이었다. 변형된 좌우 상황을 느슨하게 보면 현재와 같은 복합적인 관계가 오히려 경직된 배치를 피하게 해 준다. 경근당과 옥첩당만이 비대칭으로 남은 것 또한 미술관이 종친부와 동적인 균형을 이루는 데 중요한 요소이다. 우리는 옥첩당 정면에 서울박스를 근접시켜, 정면에서 볼 때 경근당만 중심에 오도록 균형을 맞추었다. 서울박스와 옥첩당을 시각적으로 관계시키면 종친부의 이야기를 미술관 안까지 끌어들일 수 있을 것이었다. 종친부 건물이 빠짐없이 복원되었더라면 혹은 옛 기무사 본관이 없었다면 이루어지지 않았을, 각각의 부분만 존재하는 균형 속에서만 조합 가능한 결과였다. 이렇게 놓고 보니 〈종친부〉 속 배치와 비슷해졌다. 미술관 앞 중학천과 다리가 복원되어도 잘 어울릴 듯했다. 이 배치를 중심으로 나머지 기능의 위치를 잡았다. 1차 공모전에서 제시했던 '멀티스케일 미술관'의 아이디어에 따라 거대한 기능은 옛 기무사 본관 뒤로 숨겼고, 남은 매스(mass)들은 바로 옆에 위치한 아트선재센터를 기준 삼아 이와 비슷한 규모로 건물을 나누어 그 사이사이 공간으로 골목길이 연장되도록 했다. 삼청로에서는 전시동의 입구가 위치하고 북촌로1길에서는 교육동이 작은 스케일로 쪼개진다. 터가 넓다는 점에 주목해 사방 어디에도 미술관의 후미진 뒷면이 생기지 않도록 했다. 결과적으로 과천관 규모의 거대한 프로그램이 소격동 대지에 맞춤옷처럼 분할되어 들어갔다.

그 후, 서울박스에 대형 창을 계획해 그 내부에서 옥첩당이 내다보이도록 했다. 관람객들에게는 이곳이 종친부 터였음을 다시 한번 상기시키고, 작가들에게는 설치될 작품이 고려해야 할 중요한 맥락을 제공한다. 한편, 외부의 공중보행로에서 경근당이 눈에 들어올 수 있도록 배치를 조정했다. 종친부는 기능이 없어진

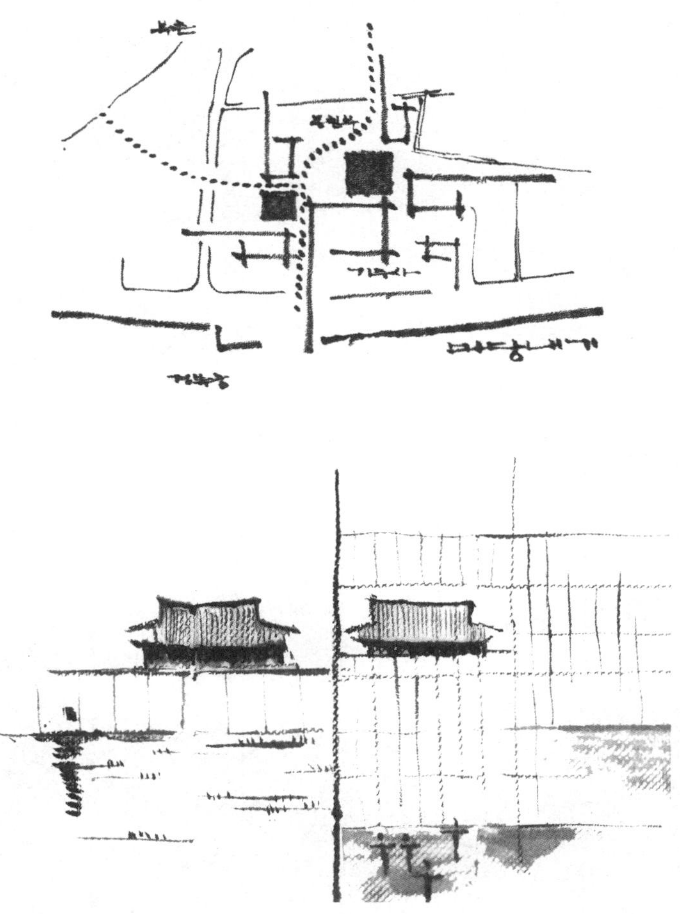

미술관을 둘러싼 종친부와 경복궁, 북촌의 환경을 고려해 외부 길과 마당이어야 할 곳을 구성한 마당내기 스케치(위)와 미술관과 종친부의 관계 설정 스케치(아래). 외부 보행로에서는 경근당이 중심에 서고, 서울박스 내부에서는 옥첩당이 풍광을 차지하도록 배치했다. 2011. 2.

1층에서 본 서울박스와 옥첩당이 내다보이는 창.(pp.54-55)

유적이지만 소외되지 않도록 미술관 내외부에서 여러 의미로 재구축함으로써 신구의 결합을 시도했다.

종친부 이전복원 결정에 따라 6월에 끝날 예정이었던 공모전은 8월까지 이어졌다. 2차 심사에는 일정상 재방문이 어려운 1차 심사위원들 대신 일본의 포스트모더니즘 건축가 이소자키 아라타(磯崎新)와 프랑스의 건축가이자 도시계획가 장 마리 샤르팡티에(Jean-Marie Charpentier)가 합류했다. 첫날은 A0 용지 열 장 분량의 패널과 보고서, 실물 모형을 심사했다. 그다음 날 각 팀의 발표가 있었다. 우리 발표 시간에서 특히 인상 깊었던 것은 설계자의 건축관을 존중하는, 미술관에 관한 철학적 질문이 많았다는 것이다. 이소자키 아라타는 내게 현재의 미술관이 화이트큐브라면, 미래의 미술관은 어떤 방향을 보여줘야 할지를 물었다. 나의 대답은 '장소특정적'인 미술관이었다. 작품과 작가에 대한 정보가 범람하는 이 시대에 미술관이 생존하기 위해서는 직접 가서 장소와 함께 미술을 관람해야 한다는 의미였다. 장 마리 샤르팡티에는 경복궁을 중심으로 한국 전통건축의 지붕에 대해 질문했고, 나는 지붕의 이미지를 외벽에 담고 마당 공간을 추상적으로 재배치해 한국적인 미술관을 만들 것이라고 이야기했다.

무형의 미술관

우리 계획안에서 가장 주요하게 심사위원을 움직인 내용은 무형(無形)의 미술관, 즉 셰이프리스 미술관이었다. 공모전에서는 대부분 건물의 형상과 그 의미를 강조하지만, 우리는 공간들 간의 관계, 즉 공간 시스템을 제안했다. 요지는 서울관이 외부로는 인왕산 등 서울의 상징적 풍경을 발견시키고 내부로는 종친부 등 터의 의미를 부각시키는 역할을 하며, 대지가 가진 대립된 욕구들을 중재함으로써 새로운 용도인 미술관이 자리잡고 작동하게 하는 데 있었다. 또한 공사 중 문화재가 발굴되더라도 큰

2차 공모전에 제출한 '셰이프리스 미술관'의 개념 이미지.
단순한 매스를 통해 미술관이 대지 내 문화재의 배경이자 주변
경관을 발견하는 장소가 된다. 2010. 8.

주제에는 영향 없이 쉽게 변경 가능한 가변적 시스템도 갖추도록 했다.

구체적으로 부각시킨 것은 건축물 사이 빈 공간으로서의 '마당'이다. 여기서 고정된 기능이 없는 마당은 주변 기능을 조율하는 전이공간으로 배열되어 전체 공간을 조직한다. 처음에는 미술관과 북촌 이웃과의 대지 경계에 배치해 공간을 공유하는 동시에 구분 짓도록 했으나, 종친부 축의 복원에 따라 과거와 현재의 시간적 중재를 하도록 발전시켰다. 또한 마당들은 기존의 컨텍스트와의 긴장 사이에서 위계에 따라 위치와 크기가 결정되었고 의미를 부여받았다.

이 구성은 투시도나 정지된 시각에 의지하기보다는 작동의 메커니즘에 따라 만들어졌다. 마치 속도비에 따라 다르게 역할하는 자동차 기어의 작동법처럼 마당들은 그 주변 대지의 맥락과 상황에 따라 다의적 의미를 제공한다. 이곳의 마당은 미술관에 속하지만 역사적 의미에서는 종친부에 속하며, 행사에

2차 공모전에 제출한 서울관 모형. 종친부를 중심으로 마당들을 재배열하고, 미술관 각 기능과의 관계 속에서 위계를 만들었다. 2010. 8.

스터디 모형의 발전 과정. 단순히 미술관과 바깥을 구분하는 역할에서 점차 과거와 현재를 중재하며 주변 맥락과 어우러지는 모습을 보여준다. 2010. 4-7.

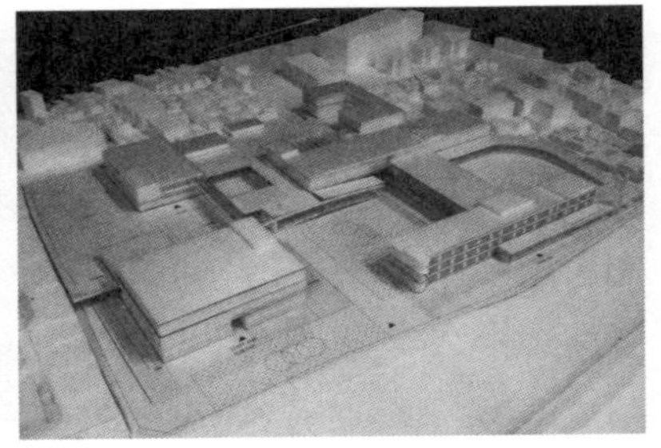

2차 공모전에 제출한 대표 투시도.
비술나무를 중심으로 조선시대부터 현재까지 여러 시간대의 부분들이
공존하는 서울관과 주변 환경을 강조했다. 2010. 8.

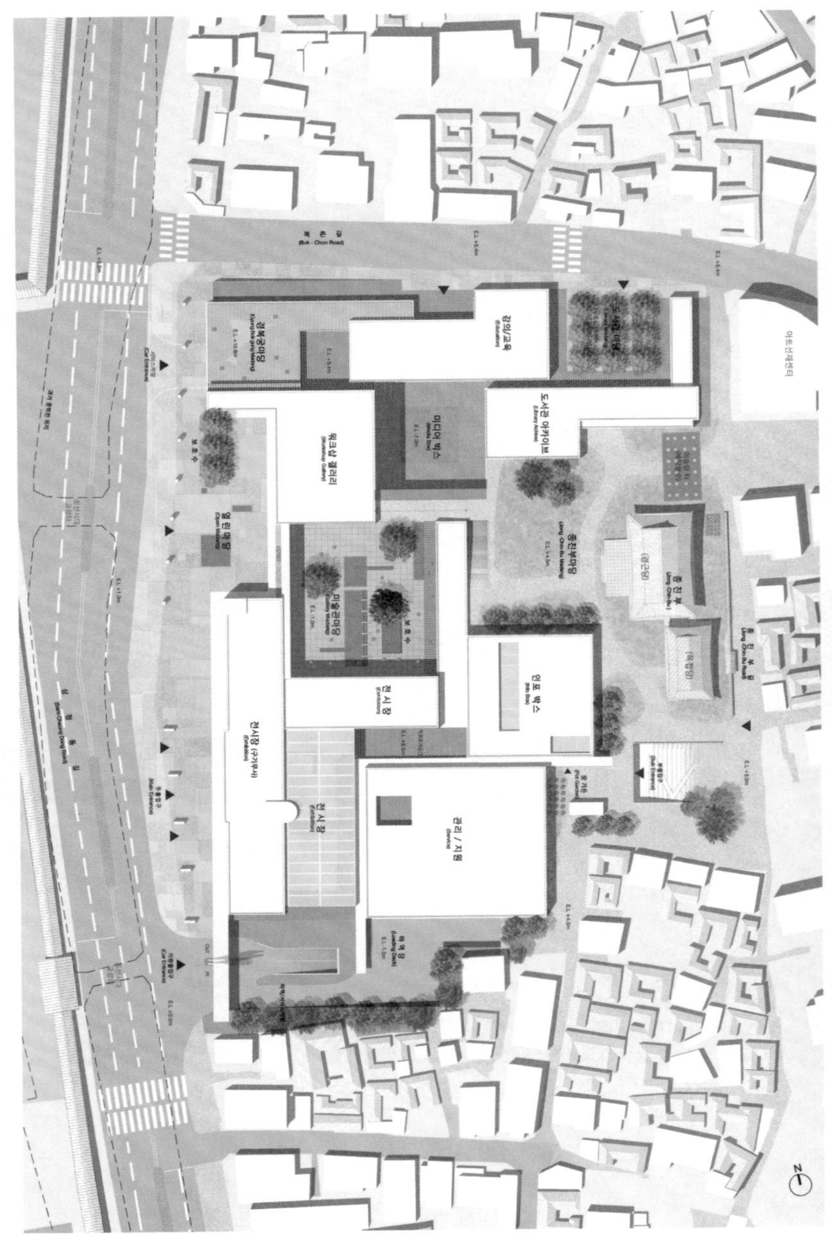

2차 공모전에 제출한 배치도. 일곱 개의 매스로 건축을 분할해
주변 맥락과의 조화를 추구했다. 2010. 8.

따라 전시공간이나 놀이터가 되기도 한다. 누구는 미술관의 사적 영역이라 생각하고 다른 이는 이웃과 공유하는 공공 영역이라 간주한다. 마당은 운영의 묘에 따라 모두를 포용하는 여유를 가졌다. 마당은 이 터에 현대 미술관이라는 새로운 층을 추가하여 의미들을 적층하며, 동시에 터의 복잡한 이해관계를 중재한다.

이러한 과정에서 중요한 것은 물리적인 공사보다는 사회적인 합일이었다. 미술관도 문화재도 이웃도 아닌 중립적인 마당을 중심에 두는 배치도 사회적 소통의 프로세스를 마련하기 위한 것이었다. 이 터가 여전히 기무사의 터라고 생각하는 사람들, 혹은 종친부의 터라고 생각하는 사람들에게 변화의 충격을 주기보다는, 마당을 통해 종친부와 옛 기무사 본관이 어떻게 유지되는지를 강조하면서 조용히 미술관이 들어갈 자리를 찾는 것이다. 이 마당들은 이웃의 관점에서는 불통의 상징이었던 이 대지가 자신들도 공유하는 마당이 되는 것이므로, 이들의 전폭적인 지지를 끌어내는 것이 우선이었다.

'셰이프리스 미술관'은 내부 공간이 배치되면서 지정된 좌표적 위치보다는 배열 순서나 방식이 중요한 위상기하학(topology)처럼 발전되었다. 여러 의견을 수렴하는 과정에서 변화한 전체 배치도들을 겹쳐 보면 마치 아메바의 움직임처럼 변해 갔지만, 우리는 합의의 중심에서 공간의 전체 배열에 대한 원칙은 변치 않고 유지하도록 했다. 마당에서 시작해 최종적으로는 형태가 아니라 공간 배열이 유지된다는 점에서, 그리고 여러 의견을 받아들여 유연하게 적응하고 변해 간다는 의미에서 '셰이프리스 미술관'이 되었다.

건축 답사와 토론

공모전에 우리 팀이 최종적으로 선정된 이후 가장 먼저 스위스와 독일의 현대 미술관 답사가 진행되었다. 발주처는 현대 미술관의 운영 및 관리를 참고하고 설계 팀은 각 미술관의 건축 시스템

등을 분석하며 공간을 직접 체험해 보고자 했다. 따라서 참가자들도 설계자, 발주처 실무자 등 실제로 일할 사람들을 중심으로 꾸려졌다. 답사 목록은 국립현대미술관 학예사들이 만들고 우리가 몇 군데를 추가해 확정 지었다.

뮌헨	브란트호스트박물관(Museum Branthorst) 잠룽괴츠(Sammlung Goetz) 쿤스트할레 뮌헨(Kunsthalle München) 피나코테크데어모데르네(Pinakothek der Moderne) 하우스데어쿤스트
바젤	바이엘러재단미술관 샤울라거(Schaulager) 팅겔리박물관(Museum Tinguely)
본	본미술관(Kunstmuseum Bonn)
뒤셀도르프	인젤홈브로이히미술관(Museum Insel Hombroich) 노르트라인베스트팔렌미술관(Kunstsammlung Nordrhein-Westfalen)
쾰른	루트비히박물관(Museum Ludwig) 콜룸바미술관(Kolumba Kunstmuseum)
프랑크푸르트	시른쿤스트할레(Schirn Kunsthalle) 프랑크푸르트 현대미술관(Museum für moderne Kunst)

건축이 강한 유형이나 과천관같이 한적한 교외에 위치한 유형도 중요한 한 축이나, 서울관 대지와 우리나라 미술계 상황을 고려하여 접근성이 좋고 동시대 미술 전시에 적절한 전시 환경을 확인할 수 있는 곳들로 꾸려졌다. 이 미술관들 속에 이미 서울관의 방향이 정해져 있었다. 이 도시들은 미술 분야의 문화가 강하고, 그곳에 위치한 미술관 대부분이 건축 작품으로서 부각되기보다는 미술 작품을 전시하기 위한 성격이 우선시된다는 공통점이 있다.

빌바오 구겐하임미술관이나 동대문디자인플라자(DDP)가 가진 자기참조적인 화려함과는 대척점에 있는 것이다. 이렇듯 미술관은 문화적 상황과 함께 봐야 하므로, 이 답사는 발주처와 건축가가 같이 공부하며 한 팀이 되는 중요한 절차였다. 이 과정을 통해 우리 설계안의 장점과 단점 그리고 발전시킬 부분과 보완할 방향을 확신했다. 그뿐 아니라 서로 공통분모가 갖추어져서 설계를 진행할 때도 답사 장소들이 자주 언급되었고 원만하게 합의에 이를 수 있었다.

처음으로 찾은 도시는 독일 뮌헨이었다. 뮌헨의 예술 특구인 쿤스트아레알 내에 위치한 피나코테크데어모데르네, 쿤스트할레 뮌헨, 하우스데어쿤스트 등을 방문했는데, 이들 모두 자연광을 사용해 전시에 집중시키는 알테피나코테크의 후예들이다. 한 도시에 이렇게나 많은 미술관이 모여 있고 또 이들을 채울 작품들이 충분하다는 점이 경이로웠다. 서울관과 규모가 비슷한 피나코테크데어모데르네는 하역장과 수장고가 서로 일관성있게 연결되어 있었다. 하역은 동선이 아니라 일관된 폭과 높이가 중요하다는 것을 확인시켜 주었다. 자워부르흐 후톤(Sauerbruch Hutton)에서 설계한 브란트호스트박물관은 2009년에 지어진 가장 최신의 미술관이라 기대가 컸다. 전시실 채광 시스템은 지나치게 선도적이라 과장된 것처럼 느껴지기까지 했고, 여러 색상으로 코팅된 테라코타 봉의 조합으로 이루어진 외관은 신인상파 그림을 연상시켰다. 적절하게 다색을 사용하는 자워부르흐 후톤의 외관 경향이 미술관 건축에 녹아 있었다.

두번째 도시 스위스 바젤은 현대미술의 중심지답게 미술관 운영진들의 자부심 또한 느낄 수 있었다. 바이엘러재단미술관은 공학과 미학이 아름답게 결합된 곳이었다. 냉난방은 바닥에서 올라오며, 빈 천장 속에 잘 계산된 천창 시스템을 설치해 부드러운 자연광이 전시실에 유입되었다. 이 미술관은 긴 장방형의 단층 건물로, 길이 방향으로 3미터 폭의 복도를 따라가면 중앙에 미로 같은 전시실이 나오고 그 반대편에 다시 3미터 폭의 휴게공간이

나타나는 구조를 갖고 있다. 휴게공간은 미술관 후면의 넓게 펼쳐진 들을 향해 열려 있으며, 전시실 한편에 입출구가 연결되어 전시 관람 사이에도 경관을 바라볼 수 있다. 근거리에서 집중해 감상하는 작품과 휴식을 위한 원거리 조망의 대비가 인상적이었다. 이토록 혁신적인데도 전시실의 구성은 역설적으로 마드리드 국립소피아왕비예술센터(Museo Nacional Centro de Arte Reina Sofía)의 전통적인 모듈을 참고했다고 한다. 건물 양끝에 자리한 전시실 밖에는 연못들이 있는데, 한 전시실에는 이와 이어지는 동선에 모네의 〈수련〉이 걸려 있다. 연못의 흔들리는 수면에 반사되는 자연광의 산란으로, 〈수련〉이 살아 움직이는 것처럼 보이기도 한다. 단순한 박스형 건물에 어떻게 이렇게 많은 공학적 경관적 아이디어들을 녹여낼 수 있었을까. 건축이 미술 감상에 아주 중요한 역할을 할 수 있다는 사실을 확인하는 순간이었다.

헤르조그 앤드 드 뫼롱이 설계해 2003년 개관한 샤울라거는 요즘 유행하는 '보이는 수장고'의 원형이라 할 수 있는 미술관이다. 독일어로 '봄'이라는 뜻의 '샤우(Schau)'와 '창고'라는 뜻의 '라거(Lager)'가 합쳐진 말로, 폐쇄된 창고가 아니라 관람이 가능한 창고란 의미다. 이에 따라 예술 작품의 상태를 지속적으로 모니터링할 수 있으며, 대형 설치 작품도 전시했던 그대로 보관할 수 있어 작가가 의도한 배치 방식까지도 보존하는 셈이다. 외관 역시 수장고의 온도 유지를 고려하여 50센티미터 두께의 육중한 벽을 사용했고 이를 외피의 개구부에 가로로 긴 틈을 내는 디테일로 표상했다. 건물 입구는 대규모 관람객을 대상으로 하지 않는 점을 상징하듯 건물보다 작게 독립적으로 세워진 오두막 형태이다. 이 미술관은 일반 대중이 아닌 주로 대학생, 연구자, 보존가 등 교육이나 연구를 목적으로 한 전문가들에 한해 예약제로 운영되며, 일반 관람객들에게는 정해진 기간에만 개방된다. 통창을 통해 수장고뿐 아니라 하역 동선이 공개된 덕분에 하역에 대한 근본적인 고민을 할 수 있었다. 미술의

오른쪽에 작은 오두막 형태의 건물 입구가 돋보이는 샤울라거 외관 전경.(위) 옛 건물의 외부가 내부 홀이 된 K21미술관.(아래)

결과물뿐만 아니라 이동, 보존, 수장 등 모든 것이 감상의 대상이 되고 있었다. 수장된 미술품의 높은 수준뿐만 아니라 '수장 미술관'이라는 신개념을 선도하는 그들을 지켜보며, 과연 바젤이 현대미술의 중심임을 확인할 수 있었다.

독일 뒤셀도르프에서는 노르트라인베스트팔렌미술관을 찾았다. 이곳은 이십세기 중반까지의 근대미술을 담당하는 K20미술관과 이십세기 중반 이후부터 이십일세기까지의 현대미술을 담당하는 K21미술관로 나뉘어 있다.
배순훈 전 국립현대미술관 관장은 서울관 설계 당시 과천관을 근대 미술관으로 하고 서울관을 현대 미술관으로 하는 안을 구상했는데, 이들이 중요한 참고 사례가 되었을 것이다.
디싱+바이틀링(Dissing+Weitling)에 의해 설계되어 1986년 개관한 K20미술관은, 2010년 기둥이 없는 2,000제곱미터의 대형 전시실이 증축되었는데, 이는 대형화되는 현대미술의 경향을 반영한 사례였다. K21미술관은 2001년 키슬러+파트너(Kiessler+Partner)에 의해 중정형 고전 건물에서 리모델링되어 개관했다. 여기서 가장 눈에 띄는 것은 유리로 된 돔 지붕인데, 돔으로 인해 과거에는 외부 공간이었던 중정 등이 거대한 내부 전시공간이 되어 있었다. 기존 건물의 복도 같은 작은 공간들과 옥상 중정이 어우러져 전통과 미래, 크고 작은 공간, 밝고 어두운 공간이 대비적으로 결합되었다. 장소특정적이고 역동적인 전시실들의 조합은 그 자체로 미술 작품이었다. 동시대 미술을 위한 K21미술관은 일정한 모듈의 반복으로 설계된 K20미술관과 극명한 대조를 이뤘다.

답사 장소 중에는 이미 가 본 곳도 많았다. 그러나 서울관이라는 숙제를 안고 보니 또 다른 것들이 보였고, 미술 전문가들과 함께 미술관 자체에 집중하다 보니 목표했던 것보다 더 많은 것들을 얻었다. 또한 회화나 조각에 국한되지 않는 다양한 형식의 현대미술 작품들을 보면서 이를 수용할 수 있는 미술관을 만들어야겠다는 책임감과 자부심을 느꼈다.

서울관은 대부분의 전시실이 지하에 있도록 계획되었으나 답사한 미술관들은 대부분 자연 채광이 유입되는 지상층 전시실이 중심이었다. 그중 한 곳의 엔지니어링을 담당했던 다국적 기업 오브아럽(Ove Arup)을 서울관 계획에 섭외하여 한정적이나마 지상 전시실과 지하 공간에 최대한 자연광을 끌어들이는 설계에 집중했다. 자연광은 작품만 생각한다면 필요 없지만, 작품을 감상하는 관람객을 고려하면 필수적이었다. 오브아럽은 지상 전시실의 천창, 냉난방 공조 방식, 서울박스의 채광과 공조 계획에서 우리가 품었던 의문을 풀어 주고 서울관이 친환경 미술관이 되는 데 중요한 역할을 했다.

답사 과정에서 발견한 또 다른 중요한 요소는 티켓 시스템이었다. 많은 미술관이 손목에 두르는 밴드형 티켓 또는 옷이나 몸에 부착하는 스티커형 티켓을 사용하고 있었다. 이를 따를 경우 서울관 관람객은 이동에 자유가 생겨 원계획대로 로비 전면을 통해 서울박스로 진입할 수 있다. 우리는 또한 무료 구역(free zone)과 유료 구역(pay zone)을 구별하여 동선에 제한을 두는 것이 아니라 구입한 티켓의 종류에 따라 다양한 위치에 있는 전시실에 접근 가능하도록 했다. 이로써 관람객들은 구역 내의 다른 정보에 간섭받지 않고 원하는 전시에 관한 정보만 제공받을 수 있다. 미술관 내부 구성도 자유로워지고 작품에 방해되는 불필요한 안내도 줄일 수 있다. 서울관도 스티커형 티켓 시스템에 따라 구역 간의 경계가 없는 방향으로 계획되었으나, 개관이 다가오자 예산 관계상 과천관이 사용하던 지폐형 티켓 방식을 공유하기로 했다. 그 결과 구역 간의 동선 구별이 필요해지면서 관람객들은 로비 앞이 아닌 뒤에서 미술관 내부로 진입하게 되었다. 동선에 대한 부족한 정보는 안내 책자가 아니라 벽면에 표시하게 되었다. 현재는 예매 시 큐알코드를 부여받아 해당 전시실에 바로 입장하도록 변경되었으나, 로비 앞에서 서울박스로 진입하는 방식의 원계획은 회복되지 않았다. 이처럼 티켓 방식은 관람객의 움직임에 영향을 미치기 때문에 신중해야 하며 지속적인 관찰이 요구된다.

문화재 심의 과정

공모전이 시행되기 두 달 전까지 한국건축가협회에서는 옛 기무사의 서울관 활용의 타당성 및 방향성에 대한 연구 용역을 수행했다. 이 용역에는 공모전을 내기 전에 필요한 대지 분석과 함께 개략적인 규모 검토까지 포함되었다.[19] 국립현대미술관 측에서는 '서울관 활용'에 목적을 두었으나, 이 비밀의 터가 건축계와 문화재계에 알려지기 시작하자 옛 기무사 본관의 가치를 더 부각시킨 결과가 되었다. 더욱이 종친부 터에 대한 역사도 언급되면서 서울관의 건립은 복잡해지기 시작했다. 국립현대미술관 측은 대지가 협소하므로 옛 기무사 본관을 입면만 남기고 새롭게 계획하길 원한 반면, 용역 측은 옛 기무사 본관에 더하여 종친부까지 중요하게 다루었다. 이 모두를 검토하면 미술관이 들어설 자리가 없었다. 터의 역사적 문제가 갈등의 씨앗이 되었고 문화재계와 국립현대미술관 간에는 분위기가 좋지 못했다. 한 가지 다행한 일은 이 시기에 국군수도통합병원 터(현재의 교육동 위치)가 추가되어 부지 면적이 삼분의 일 늘어나게 된 것이다. 일반인은 들어갈 수 없었던 이 땅이 흡수되면서 용도의 대립도 자연히 사라지게 되었다.

그동안 일제강점기 건물들은 조선총독부청사를 비롯하여 대부분 태생적인 문제로 철거되었다. 따라서 남아 있는 옛 기무사 본관에 문화재계의 많은 관심이 쏠렸다. 사실 문화재계에서는 이 건물이 건축 양식적 가치는 부족하지만 근대기의 한 유형으로서 기록되길 원했다. 독일의 경우 히틀러와 그의 건축가 알베르트 슈페어(Albert Speer)가 계획한 화려한 정치적 건물들이 전범으로 낙인찍히고, 동서독 냉전 기간 중 양측 모두 나치즘을 부정하며 대부분 철거되었다. 동유럽과 구소련의 연방국가들에도 유사 사례가 많다는 것은 우리 상황의 거울이 된다. 우리나라에서 건축이 건립과 관계된 태생적 의미가 중요한지 건축 양식적 의미가 중요한지에 대한 논쟁은 비단 조선총독부청사에만 있었던 것이 아니다. 이러한 배경에서 옛 기무사 본관의 존치와 철거 사이의 논쟁은 있을 법한 일이었다.

터의 역사가 하나씩 드러났고, 미술관 건립에 대한 반발이 거세지자 종친부를 이전해 오는 것까지 발표하게 되었다. 그 결과 터의 주제에 변곡점이 생기고 지상에는 높이 12미터밖에 안 되던 가용 부지 면적도 평면적으로 종친부에 많은 부분을 양보하여 그나마 지하 공간을 활용하는 쪽으로 선회하게 된 것이다.

당선 전후 이와 관련한 인허가를 준비하는 과정에서, 서울관의 건립을 위해 문화재 위원들과 합의가 필요했다. 공모전에서는 심사위원들에게 주변과 대지 내 문화재들과 잘 조우하고 있다는 평을 받았지만 문화재 위원들은 이 터에 현대 미술관이 들어가는 것 자체를 불편해하는 반응이었다. 조선시대 유적인 종친부 터에 미래지향적인 동시대 미술관이 들어선다는 것은 더 복잡한 문제였다. 우리는 용도가 없어진 유적과 국가적 공공 기능을 특별하게 결합하려 했지만, 문화재 위원에게는 전통과 현대 건물이 만나는 수많은 보편적 선례 중 하나일 뿐이었다. 문화재법상 이 터는 옛 기무사 본관, 종친부 기초에 해당하는 유구, 이전복원해야 할 종친부의 두 건물, 인접한 경복궁과 관련하여 각각 심의를 거쳐야 했다. 개별적으로 진행되었기 때문에 각 심의 간에는 상충이 존재했다. 경복궁 관련 심의의 기본 방향은 경복궁을 가리지 않도록 지상을 비우고 지하 공간을 많이 활용하라는 것이었고, 종친부 유구와 관련된 매장 문화재의 원칙은 가능한 한 지하를 개발하지 않는 것이었다. 종친부 관련 심의에 따르면 유구는 구조적 역할을 못하기 때문에 이전한 다음 기초를 새로 만들어야 했다. 또한 없어진 종친부의 원형들을 살리기 위하여 그 축을 막고 들어선 옛 기무사 본관은 없어져야 했다. 반면 기무사 관련 심의에서는 이 건물이 당당히 근대문화재로서 스스로의 가치를 주장하도록 그 존재를 유지시키고자 했다.

복잡하고 이해하기 어려운 실타래 속에서 해결 방법을 찾고, 미술관이 스며들 틈을 조금씩 만들어 가는 것이 우리의 임무였다. 경복궁 심의에서는 경복궁과 종친부 사이 통경축(通景軸), 즉 조망이 열려 있는 공간의 확보가 요구되었다. 또한 기와지붕으로 계획하라는 요구가 있었지만, 그렇게 될 경우 12미터 높이 제한에 따라 마치 침수된 마을처럼 지붕밖에 안 보이게 될 것이었다. 그 대신 우리는 기와 모양의 테라코타 타일을 통한 추상적 재현을 제안했다. 종친부 심의에서는 옛 기무사 본관과 위치가 겹쳐 솟을대문과 행랑채의 복원이 어색한 이유를 설명했다. 우리의 계획은 지하 전시실을 건설하고 그 위에 종친부 건물들을 놓는 것이었다. 그러나 경근당과 옥첩당 터는 물론이고 경근당 앞의 월대 유구 자리까지 개발되는 선례를 만들 수 없다는 주장에

종친부 터에 드러난 경근당(왼쪽)과 그 앞의 월대, 옥첩당(오른쪽) 기초. 유구와 그 지하를 보존한다는 원칙에 충실한 심의 결과에 따라 지하를 변경하게 되었다. 2010.

의해 지하를 변경해야 했다. 이전복원 결정 전에 만들어진 공모전 지침에는 지하 개발이 가능하다고 했기에 설계 변경 사유가 생긴 것이었고, 이에 따라 설계 기간이 사 개월 연장되었다. 문화재 문제에 의한 설계 변경은 공모전 제안에서부터 무형의 미술관 중심 개념으로 준비해 온 내용이라 그다지 어렵지 않았다. 관람객 동선에 작은 변화를 주어 심의에 융통성있게 대응할 수 있었다. 기무사 심의에서는 종친부가 더 중요한 요소인 점을 들며 옛 기무사 본관의 왼쪽 일부를 철거하여 입면 수정하는 것을 제안했다.

이렇듯 이 기간 동안 문화재 부분만이 아니라 전체적인 설계를 보완하면서 미술관 전체를 발전시켜 나갔고, 조금씩 미술관이 들어갈 자리가 생겨나기 시작했다. 더욱 긍정적이었던 것은 문화재 위원들과 다양한 의견들을 공유하면서 공사 일정을 중재하고 설계 시간도 더 확보했다는 점이다. 이 외에 네 건의 문화재 심의와 열일곱 건의 도시 및 건축 심의가 더 있었다. 심의는 빠듯한 일정으로 우리를 곤경에 빠뜨리기도 했지만, 동시에 수많은 사람의 의견을 모아 주는 협의체이자 브레이크 없는 일정을 조절하는 감속제 역할을 했다. 결과적으로 서울관은 남은 유적은 보존하고 없어진 부분은 복원하는 대신 비워 두어 원형을 상상할 수 있도록 하는 선에서 합의되었고, 설계안에서의 위상기하학적 공간 배열만 유지한 채 천천히 변해 나갔다.

합의의 미술관

기존 도시에 새로운 건축물이 들어서기 위해서는 법적 문제뿐 아니라 실제 사용자 및 주민의 동의와 의견이 점차 중요해지고 있다. 2011년 6월에는 삼청동과 가회동 주민들, 이웃한 갤러리의 관장들이 참석한 가운데 주민공청회를 열었다. 국립현대미술관 기획운영단 단장은 미술관으로 인해 주변이 활기를 띠게 될 것을 기대하며, 북촌 지역과 연계해 공존하겠다고 했다. 다음으로 내가 건축 팀의 대표로서 서울관을 소개했다. 이 미술관은 그 개념부터 주변을 향해 열린 건물이며 자연스럽게 근처 골목길들을 서로 이어 주면서 함께 발전한다는 것, 담장을 최소화한 형태로 이웃들과 연결되도록 한다는 것을 강조했다. 주변의 상업시설과 공공 미술관은 상호보완적이므로 상생하게 될 것이라는 게 주된 내용이었다. 오랜 기간 기무사가 위치해 불편했던 주민들은 미술관에 대한 설명이 끝나자 표정이 상당히 밝아지며 계획 방향을 지지했다. 이때 주민들이 낸 의견은 전통 담장의 복원, 이웃 주민의 주차장 사용 여부, 미술관 내에 들어설 상업시설의 문제점 등이었다.

전통 담장에 대한 의견에 따라 이웃들은 크게 두 부류로 나뉘었다. 담장이 없는 열린 미술관 건립을 환영하는, 소격동에 거주하는 '가까운 이웃'과, 담장 유지를 원하고 소격동보다 조금 더 멀리 거주하며 문화재에 관심이 많은 '먼 이웃'이었다. 대부분은 '가까운 이웃'이었고 이들은 현실적인 문제에 접근했다. '먼 이웃'은 숫자는 적었지만 문화재에 대한 원론적인 논의를 필요로 했다. 합의가 어려웠지만 그 가운데에서 균형을 모색하는 것이 관건이었다.

한옥들이 밀집해 있던 1970년대 율곡로1길의 풍경.(위)
이 골목은 오늘날 서울관 동쪽 통로와 연결된다.(아래)

주차장의 경우 우리는 주민의 의견에 전적으로 동의했다. 건축 규제가 많은 북촌은 자기 집도 자기 마음대로 고치지 못한다. 이에 반해 서울관은 지구단위계획과 도시 및 건축 심의를 통해 각종 혜택을 받으며 들어서는 건물이다. 주변의 주차 문제를 미술관이 해결하는 것이 마땅했다. 유럽의 많은 전통 마을에서도 주민들의 주차 문제는 공공 차원에서 해결하는 사례들이 있다. 이 논의의 결과로 주민들이 주차장에서 엘리베이터를 타면 미술관 내부를 거치지 않고 전시동 2층에서 곧바로 종친부마당으로 나갈 수 있도록 하려 했다. 그러나 보안상의 이유로 2층 출입문을 설치할 수 없게 되었고, 대신에 교육동 지하주차장에서 바로 나갈 수 있도록 했다.

편의시설에 대한 이의도 제기되었다. 북촌의 오래된 건물들은 현행 건축법과 각종 규제로 식당 하나 내기 쉽지 않은데,

공공이라는 명목으로 미술관 안에 상업시설들이 쉽게 들어서는 것은 문제가 있다는 지적이었다. 단장은 미술관 내 편의시설은 수익을 위한 목적이 아니며 관람객들이 이웃의 카페와 식당을 이용하도록 최소화할 것이라고 답했다. 그동안 봐 왔던 공공 미술관의 부대시설이 이윤보다는 공공성이 앞섰기에 당시에는 괜한 오해라고 생각했으나, 개관 십 년이 지나자 상업시설이 늘어나면서 염려했던 문제가 발생하고 있다.

가장 중요한 합의 주체는 건축주인 국립현대미술관이었다. 그러나 공모전 과정과 답사 여행에서 우리는 합의의 대상이라기보다는 하나의 팀 자체였다. 다만 당시의 우리 의도와 다르게 설계 이후에 변화된 것들이 있다. 설계 당시에는 국립현대미술관 과천관이 본관이고 서울관은 분관이었다. 서울관은 원래 '우리'의 줄임말이자 '서울'의 끝말인 '울'자를 따서 '울(UUL) 국립서울미술관'이라는 독립적인 이름으로 준비되고 있었다. 이 이름은 국회 문화체육관광방송통신위원회의 문화부 국정 감사 때 약간의 논쟁을 불러왔고, 2012년 1월 취임한 정형민 관장이 서울관을 본관으로 추진하면서 변화를 맞았다. 과천관에 관장실을 비롯한 사무실들이 있고 수장고도 크게 있었으나, 서울관에도 많은 면적의 업무공간이 필요한 상황이었다. 옛 기무사 본관과 사무동의 변화가 가장 많았다.(공모전 설계와 달라진 옛 기무사 본관의 협의 과정과 변화는 3장에서 다룬다.) 미술관 이름도 과천, 서울, 덕수궁, 청주의 네 미술관을 통합해 국립현대미술관(National Museum of Modern and Contemporary Art, Korea) 또는 영문명 앞자리 일부를 따서 'MMCA'라 하고, 여기에 지역명을 붙여 부르게 되었다. 과천관은 일률적으로 3.5미터 높이 전시실을 가진 근대 미술관으로, 서울관은 다양한 높이의 공간이 필요한 동시대 미술관으로, 덕수궁 석조전 서관에 위치한 국립현대미술관 덕수궁(이하 덕수궁관)은 고전 미술관으로, 국립현대미술관 청주는 수장형 미술관으로, 이렇게 건축에서부터 차이가 있는 미술관들 각각의 특색을 살려 주는 것이 바람직하다고 생각했다. 미술관 명칭을 하나로 이름을 통합하면 지역 및 전시 특화가 약해질 것이라 예상했다.

서울관 전시실의 구성에도 변화가 있었다. MMCA로 통합되면서 가변적인 사용을 위해 1, 2, 3전시실 내 벽 구획이 없어지고 9미터 모듈의 기둥들만 남게 된 것이다. 현대미술 전시에 특화된 4, 5, 6전시실은 기둥과 벽이 없는 공간의 볼륨으로 계획되었지만 이와 반대로 1, 2, 3전시실은 벽에 회화를 걸기 위한 9미터 구조 모듈로 계획된 공간이다. 따라서 벽 구획까지 정확히 설계하고 싶었다. 고정적인 벽은 임시적인 벽과 달리 구조, 설비, 소방 및 전기 문제를 해결하고 보다 깔끔한 전시실을 만들 수 있기 때문이다. 그러나 전시 방향을 예측하기 어렵다는 국립현대미술관 측의 주장에 따라 기둥만 남겨지게 되었다. 결과적으로 전시할 때마다 새로운 디자인을 추가해야 하는 현재와 같은 형태가 만들어졌다. 우리와 개관전 작가들은 전시실마다 그 성격을 명확히 지정하는 것이 바람직하다는 입장으로, 의도대로 고정 벽이 세워지기를 희망했다.

박수근의 회화와 서도호의 설치 작품처럼 근대와 현대를 대표하는 미술이 다르듯, 이를 담기 위한 근대 미술관의 전시실과 동시대 미술관의 전시실은 근본적인 차이가 있다. K20미술관과 K21미술관으로 구성된 노르트라인베스트팔렌미술관처럼 과천관은 회화 중심의 근대미술을 위한 벽 중심의 공간으로 서울관은 동시대 미술에 특화된 공간으로 대비적인 역할 분담을 확실히 했다면, 현재와 같이 전시를 어느 관에서 할 것인지에 대한 논란은 적어졌을 것이다.

설계와 시공

건축물이 실현되는 과정은 크게 설계와 시공으로 나뉜다. 이들을 분리하는 장점은 공사비와 일정 등 수단에 종속되지 않고 용도와 목적에 맞게 계획의 독립성을 존중한다는 데 있다. 설계는 다시 계획설계, 기본설계, 실시설계로 나뉜다. 공모전이 계획설계를 제출하는 단계라면, 당선 후에 건축가와 그 팀은 기본설계와 실시설계를 진행하게 된다. 기본설계는 건축, 구조, 전기, 설비 및 소방 등 거의 모든 건물 시스템 계획을 도면화하고 인허가를 다루며, 실시설계는 기본설계를 바탕으로 작은 손잡이 하나까지 공사 방법과 구체적인 공사비를 계산하기 위한 설계도서를 작성하는 단계이다. 건설 공사는 대지의 불필요한 구조물을 철거하는 철거 공사, 지하를 파고 건축물이 들어설 땅을 준비하는 터파기 공사, 건축물을 짓는 건축 공사로 나눌 수 있다. 건설의 전체 일정은 이렇게 구성된다.

일반적으로 복잡한 대형 프로젝트가 좌초되지 않고 일정 안에 완료되는 데 필요한 원칙은, 진행 과정에서의 잡음을 최소화하는 것이다. 민간 건축의 이 원칙과 반대로 공공 건축인 서울관 프로젝트는 세상에 알려 의견을 수렴해야 했다. 취합된 의견을 하나로 통합하여 지을 수 있는가가 의문이었는데, 더욱이 국립현대미술관 측에서 좋은 미술관을 만들겠다는 의욕으로 대지 조사 용역에서부터 국제적으로 저명한 심사위원의 선정, 두 번에 걸친 공모전 등 복잡한 절차를 개의치 않고 바람직하다고 판단되는 방향으로 추진했다. 대지가 가지고 있는 문제를 열어 볼수록 풀어야 할 문제가 점점 늘어났고 국제 수준의 미술관을 건축하는 난이도 자체도 높았다. 당시 대한민국역사박물관은 서울관과 비슷한 시기에 설계 공모가 끝났는데, 그 후 이 년만인 2012년 5월에 준공해 그해 11월 서울관보다 일 년 먼저 개관했다. 주된 이유로는 설계와 시공이 통합된 일괄 수주 방식(턴키 방식)을 선택한 점, 지하를 만들지 않음으로써 문화재 심의를 생략하는 등 절차를 간소화하여 일정을 단축한 점을 들 수 있다. 일반적으로 일괄 수주 방식은 시공사가 주체가 되어 일정과 건설 중심으로 진행된다. 그 과정에서 시설의 목적과 품격이 희생되는 경우가 있어 미술관처럼 디자인이 중요한 건축에는 적절하지 못한 시스템으로 여겨진다.

개관 일정은 정해져 있었기에 설계 기간이 늘자 공사 기간을 줄여야 했다. 건설사업관리단은 설계 완료 전에 철거와 토목 공사가 진행될 수 있도록 했다. 터파기 공사 중 매장 문화재가 발굴될 경우 대규모 설계 변경을 염두에 두고 있었다. 그러나 공사가 끝나도록 보존 가치가 높은 매장 문화재는 나오지 않았다. 시공사는 실시설계 기술제안 입찰로 선정되었다. 기본설계 기술제안이 원안을 변경하여 제안 가능한 반면 실시설계 기술제안은 원안을 유지한 채 기술적인 제안만 허용하는 제도로, 수준 높은 시공사를 선택할 수 있다는 장점이 있다. 그러나 실시설계 기술제안은 준비 절차가 복잡해 절대적으로 한두 달은 더 소요된다는 단점이 있었다. 입찰 심사가 있던 날 대전 조달청에 가서 입찰 참여 팀과 심사위원들에게 공식적으로 원안의 주요 쟁점을 설명했다.

우리는 옛 기무사 본관은 별도의 일정으로 진행하자고 주장했다. 이 건물은 공사 과정에 자문이 포함된 문화재 보수 방식이 요구되었기에 시간과 비용이 많이 소모될 예정이었다. 이에 따라 옛 기무사 본관을 제외한 채 준공 및 개관을 하고, 이 건물의 복원은 천천히 진행하자는 제안이었다. 이는 받아들여지지 않았지만, 현재 서울관에 입구가 많은 이유는 이러한 과정에서 옛 기무사 본관 없이도 미술관이 운영되도록 했던 계획의 흔적이다. 그러나 종친부의 문제는 달랐다. 미술관과 종친부의 조우는 서울관에서 중요한 주제여서 설계할 때는 함께 고려되었지만, 종친부 자체의 공사는 별개였다. 종친부 현장소장은 바로 옆이 미술관 현장인지도 알지 못할 만큼 두 개의 공사 현장에는 거대한 가림막이 세워졌다.

2012년 겨울, 마지막으로 미술관 옥상층 콘크리트 공사가 완료되자 처음으로 종친부 공사장이 내려다보였다. 바닥의 높이, 미술관과 종친부의 높이, 종친부와 미술관의 규모가 조화로운지 여부를 그제야 한눈에 확인해 볼 수 있었다.

설계와 시공의 효율성을 위해 선택과 집중을 해야 했다.

16.5미터 깊이의 터파기와 흙막이가 진행 중인 서울관 동쪽(율곡로1길 방향) 현장.
가림막 뒤로 종친부 유구 발굴 공사 중이다. 2011. 11.

큰 가림막을 사이에 두고 별개로 진행된 종친부 복원 공사 현장. 2013. 1.

주외장재인 테라코타 타일과 내부 전시실 등의 주요 시설은 샘플 목업으로 디테일의 완성도를 높였지만, 사소한 데 너무 시간을 들이지 않도록 노력했다. 당시에는 비슷한 설계 및 공사 기간이 문제라고 여겼지만 이후 다른 공공 건축의 진행을 지켜보면서 생각이 바뀌었다. 기간이 넉넉해진다고 해서 건축가에게 온전히 그 시간이 주어지는 것은 아니었다. 발주처 조직이나 관계자가 교체되고, 요구 조건도 달라지며 예산도 변경되기 마련이다. 서울관의 경우 그 누구도 객관적인 이유 없이 설계안을 변경하려 하지 않았다. 공공 건축은 사회적 관심이 많을수록 엉뚱한 결과가 나오기도 한다. 서울관 개관 일정에 대해 여러 분야에서 관심이 많았지만, 건축가의 입장에서는 그 기간이 길지 않고 실 사용자인 발주처의 요구가 일관되어 효율적이었다.

건축가와 공사 현장

현행법상 건축가에게 공사 중 현장에 참여한다는 건 감리를 의미하고, 감리는 설계도대로 공사가 진행되는지 감독하는 일이다. 일반적으로 설계자가 감리를 해야 하는 이유는 원안을 유지하기 위해서라고 알려져 있다. 그러나 좀 더 유연하게 생각해 보면, 현장에서 발생하는 수많은 문제에 대해 일관성을 가지고 원칙과 위계에 따라 합리적으로 대처하기 위함이라고 보는 것이 타당하다. 공사 기간 중 많은 일들이 발생한다. 새로운 재료가 생산되거나 공법이 발전하기도 하고, 그밖의 여러 변수가 있기에 공사를 하면서 판단하는 게 더 적절한 경우도 있다. 현장에서 발생하는 많은 설계 관련 문제들을 검토하고 최종 확정하는 과정에서 전체를 이해하고 합리적인 판단을 할 주체는 건축가이며, 모든 것은 그의 책임하에 진행되어야 한다.

서울관은 우리나라의 제도상 건축가가 감리 계약을 할 수 없었다. 다행히 터파기 공사 중 새로 부임한 정형민 관장이 힘을 실어 주어 현장에서 디자인 협의는 가능했다. 이 회의에는 관장,

건설사업관리단, 시공사, 자문위원으로 이손건축의 손진 소장, 그리고 내가 참석했다. 도면의 해석과 자재의 선정뿐 아니라, 분관과 본관의 변화, 문화재 자문에의 대응, 개관전 계획, 공사 중 화재 사고에 의한 변경 등을 전체적인 통찰력을 가지고 원안의 유지, 변경 혹은 개선을 판단할 필요가 있었다.

서울관 설계 아이디어가 완성되어 간 과정을 단계별로 나눠 보면, 큰 골격이 나오는 공모전에서 삼분의 일, 현실적으로 가능한 도면을 만드는 기본설계 및 실시설계 과정에서 삼분의 일, 그리고 시공 과정에서 디자인을 검증하고 개선하는 마지막 삼분의 일이 만들어졌다. 일반적으로 공모전에서 모든 설계가 완성되어야 한다고 생각하나 카피가 아니고서는 가능하지 않다. 공모전 이후 실시설계에서 발전시키나 이것 또한 가상 공간에서 어디까지나 예측해 볼 뿐이다. 골조가 완성되면 의도대로 된 곳, 시공 오류가 생긴 곳, 발전시켜야 할 곳 등이 애써 관찰하지 않아도 쉽게 보인다. 설계에서 발견하지 못했던 이슈들을 체크하고 혹시 모를 오류는 없는지, 개선 방향은 무엇인지를 검토하는 과정에서 건축의 완성도는 높아진다. 서울관은 공중보행로 구조체의 백색 마감재, 주 외장재인 테라코타 타일 패널의 곡률, 교육동의 짙은 회색 화강석의 거친 마감 등 많은 아이디어가 현장에서 나왔다.

가장 마지막에 설치한 미술관마당의 고흥석 벤치 또한 현장에서 구상되었다. 종친부 기단이 벤치의 모티프가 되었는데, 서울관 대지에서 기단이 많이 발굴되어 적절하다고 생각했다. 미술관 내부의 원목 벤치와 대비되게 외부는 석재 벤치로 통일했다. 고흥석의 받침석과 판석 두 개를 포개고 석재 표면은 몸이 닿는 부위는 물갈기로, 그렇지 않은 부분은 정다듬으로 마감했다. 석재 벤치는 낮 동안 햇볕에 달구어져 저녁 즈음에는 적당히 따뜻해진다. 저녁마다 오페라가 열리는 이탈리아 베로나의 아레나에서 대리석 바닥의 온기를 통해 로마시대의 그 무엇인가를 느끼듯, 따뜻해진 돌 벤치에 앉으면 조선시대가 느껴지지 않을까. 관람이 끝나고 이 벤치에서 전시의 여운과 터의

터파기와 흙막이가 거의 완료된 서울관 서쪽(삼청로 방향) 현장.
왼쪽에 옛 기무사 본관 후면부가 보인다. 2012. 1.

철근콘크리트 공사를 위한 가설 비계 배열로
전시박스 등의 미술관 내부 구조가 드러났다. 2012. 5.

역사를 함께 생각하도록 하는 매개가 되기를 희망했다.

개관과 홍보

건축가에게 준공과 개관이란, 그동안 주인의식을 가지고 열정과 혼신의 힘을 다하며 시공사와 함께 작업한 작품을 실제 주인에게 넘겨주는 자리이다. 공공 건축은 시설을 기획하고 예산을 마련한 행정가, 관료 및 정치인들이 중심이 되어 행사가 진행되는 경우가 많다. 행사를 준비하는 시공사와 달리 건축가는 보통 여기서 소외되곤 한다. 이는 건축을 기획하고 설계하고 공사하고 사용하는 일련의 과정이 연속되어 있지 않음을 방증한다. 이 문제는 건축가 유걸이 설계한 서울시청사가 다큐멘터리 영화 「말하는 건축 시티:홀」(2013)의 소재가 되기도 할 만큼 논란이 있다. 서울관의 경우 공모전 당선부터 설계 과정상의 기자간담회, 보도자료의 배포 때마다 건축가 소개를 잊지 않았다. 서울관은, 나중에 알게 된 사실이지만, 담당 홍보관의 노력으로 이루어진 일이었다. 그를 포함한 국립현대미술관 측에서 항상 건축가의 존재를 인정하고 대외적으로 알려 주었기에 책임감을 잃지 않을 수 있었다. 그러나 개인적으로 말하면 준공식이나 개관식은 몹시 불편한 자리이다. 결과물을 자신있게 건축주에게 넘겨주어야 하나, 깨끗하게 준공 청소가 된 첫 모습은 잘된 곳보다는 작은 곳이라도 잘못된 부분이 먼저 보이곤 한다. 그래서 무거운 발걸음이지만, 많은 공간들이 건축가들의 헌신적인 노력으로 만들어짐에도 일반 시민들에게는 잘 알려지지 않은 현실을 조금이라도 개선하고자 행사에 참석한다.

2013년 8월에 준공된 서울관은 공공이 주관한 공사라 준공에 관한 법적 절차나 관련 행사가 없었다. 보통 해외의 미술관들은 준공 후 개관까지 일 년 정도 준비 기간이 필요하나, 서울관은 석 달 정도의 기간이 주어졌다. 이 기간 동안 건축물의 보완 작업과 작품 설치 작업을 조율했다. 개관식은 같은 해 11월에 마당에서

개관을 앞둔 서울관과 종친부 전경. 공사 가림막이 사라지자 비로소 이 둘이 조화를 이루며 설계 의도가 드러났다.

진행되었는데, 이날은 예년에 비해 몹시 추웠다. 백 명이 넘는 사람들이 초대된 그 자리에 맨 앞줄에 앉게 되었다. 저녁에는 미술관 내부에서 행사가 이어졌다. 오전 행사가 외부인을 위한 것이었다면 저녁 행사는 내부인을 위한 것이었다. 이 행사에서 수많은 미술 관련 인사들이 개관을 축하해 주었다. 건축물의 완공을 다른 분야의 사람들에게 축하받아 본 적이 없었기에, 처음에는 왜 다들 건축가에게 인사를 건네는지 어색했다. 오히려 내가 국립현대미술관 측에 해야 하는 것이 아닌가 하는 생각도 들었다. 미술인들은 한 작가의 전시가 열릴 때 작가를 축하하는 것처럼 하나의 건축도 그 건축가의 창작으로 간주해 축하했던 것이다. 그러면서 서울관이 건축물로만 한정되는 것이 아니라 확실하게 문화와 창작의 일부로 인정받았음을 느끼게 되었다. 이런 깨달음 후에 비로소 축하 인사를 자연스럽게 받아들일 수 있었다.

3
장소특정적 미술관:
탈맥락에서 재맥락으로

“[이 터는] 경복궁의 일부로서, 이후 우리나라 중요한 역사의
변화에 가장 큰 영향을 미친 지역이 아닌가 해요.
이곳에 세계적인 미술관이 들어간다는 것은
우리나라의 평화를 사랑하고 인권을 존중하는
민주주의 발전을 미술관으로 표현하는 것입니다.”
—배순훈 전(前) 국립현대미술관 관장[20]

적층된 역사들

서울관 부지는 조선시대에는 주요 관청인 종친부가 있었고, 일제강점기와 제삼공화국의 끝과 제오공화국의 시작 등 대한민국의 근현대사를 거쳐 온 중요한 장소이다. 각 시대별 유물들이 혼재되어 있어 선택적으로 보존하고 철거하는 기획이 요구되었다. 신관, 강당, 소격아파트 등 기무사가 사용하던 십여 동의 시설들은 본관을 제외하곤 사라져야 했고, 반대로 없어진 종친부는 흔적을 찾아 부각시켜야 했다. 그리고 새 주인인 미술관의 자리도 마련해야 했다. 건축가로서 나는, 그 역사적 가치의 경중을 떠나서, 남겨야 할 유물들을 객관적이고 있는 그대로 드러내고 싶었다. 어느 특정 역사를 강조하기 위해 일부 흔적을 지우는 것이 아니라 각 역사의 파편들을 서로 다른 관점에서 공존시키려는 의도였다. 종친부 전체를 복원하자면 기무사의 역사를 지워야 한다. 기무사 전체를 살리자면 종친부의 자리가 없어진다. 국군서울지구병원도 마찬가지이다. 우리의 전략은 남아 있는 유물을 존중하되 인위적인 가짜를 만들어 복원하지는 않는 것이었다. 파편화된 유물을 통해 전체를 상상하고 각 시대에 대한 가치판단을 하는 것은 방문객의 몫이다. 여러 오래된 이야기가 중첩되어야 흥미로운 도시가 된다. 우리는 이 터 역사에 관계된 가능한 한 많은 이야기가 남겨지길 바라며, 작은 유적과 유물 하나하나를 살리고 적층해 미술관과 통합했다.

국가를 대표할 미술관이 유적과 함께하고, 유적은 작가와 전시의 소재가 되고, 관람객은 그 유적을 조합하면서 흥미와 감흥, 그리고 자부심을 끌어내도록 하기 위해서였다.

옛 기무사 본관, 미술관의 입구

서울관 부지에 경성의학전문학교 부속의원이 준공된 1928년 당시의 도면과 사진을 보면, 지금의 교육동 자리에서부터 시작된다. 이후 1929년 남쪽으로 병실이 확장되는 등 증축과 개축을 거쳐 전체 건물이 완성되는데, 1932-1933년 옛 기무사 본관(현재의 미술관 주출입구)에 해당하는 외래진료소가, 1936년 외래진료소 남쪽에 외과 및 내과 건물이 세워지면서 차츰 대형 병원의 모습을 갖춰 가는 과정을 보여준다.[21] 조선총독부가 광화문 바로 뒤에서 병풍처럼 경복궁을 막고 있었던 것처럼, 부속의원 건물들이 솟을대문 뒤에 빼곡하게 채워져 종친부의 주 건물들을 가로막고 있는 모습도 보인다. 부속의원 외래진료소는 一자형 건물 후면에 돌출부가 덧붙은 T자형의 3층짜리 건물이다(돌출부는 당시 1층이었다가 이후 옛 기무사 본관 시절에 2층으로 증축, 서울관 공사 중 철거된다). 붉은 치장 벽돌로 마감된 철근콘크리트 구조로서 오늘날의 평범한 학교 건물과 다른 점이 없어 보이지만, 국내에 조적조 건물이 대다수였던 그 당시에는 철근콘크리트 구조를 채택한 초기 사례였다. 증축은 짧은 시간차를 두고 이루어졌지만 이 건물의 왼쪽(1932년 신축)과 오른쪽(1933년 증축)을 비교하는 것만으로도 하나의 연구 프로젝트가 될 만큼 기술적으로 많은 차이를 보여준다. 마지막으로 증축된 오른쪽은 난방 방식도 개선되었으며 창호의 개폐 방식도 달라졌다.

서울관의 주요한 출입구이자 사무동이 된 현재 이 건물의 1층은 철근콘크리트 구조와 증축에 의한 좌우의 차이를 드러내기 위해 천장을 노출시켰다. 또한 이러한 관점에서 내진 및 구조

남서쪽에서 바라본 경성의학전문학교 부속의원 외래진료소 전경.
붉은 벽돌 외관의 철근콘크리트 구조물로서 뒤쪽 종친부의 주 건물들을
가로막고 서 있다. 1936년경.

옛 기무사 본관의 외관으로, 외벽에 백색 스투코가 덧칠된 모습이다. 2010.

경성의학전문학교 부속의원 시절의 붉은 벽돌 외관으로 복원된 서울관의 전경.

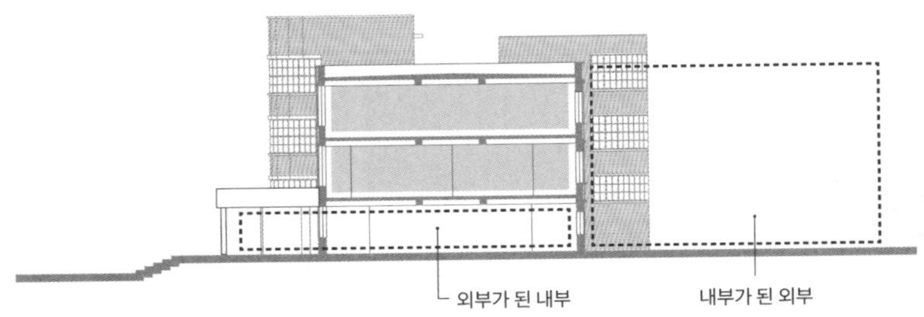

내외부 공간을 반전시킨 옛 기무사 본관을 보여주는 2차 공모전 계획안. 2010. 8.

옛 기무사 본관의 분위기를 내부로 끌어들여 장소특정적 전시실로 제안한 초기 계획안의 이미지. 2010. 8.

보강에서도 가능한 한 기존 구조를 유지한 채 별도의 철골 구조를 추가했다. 붉은 치장 벽돌의 외벽은 이후 기무사 본관으로 사용된 시기에 그 위에 백색 스투코(stucco)가 덧칠되었다. 그러므로 이 건물은 엄밀히 하자면 옛 기무사 본관이 아닌, 처음 지어졌던 부속의원 외래진료소 시절의 외관으로 복원된 모습이다.

태평양전쟁 시기 부속의원 건물은 군부대 소속이 된다. 해방 후에는 서울대학교 의과대학 제이부속병원으로, 육이오전쟁 중에는 다시 군부대 병원으로 사용된다. 1963년에는 국방부로 이관되고, 1971년부터는 외래진료소 외 일부 건물이 국군기무사령부(당시 국군보안사령부) 소유가 되어 십이십이군사반란의 출발점이 된다. 옛 기무사 본관의 역사는 외래진료소가 지어진 1930년대부터 2008년 기무사가 과천으로 이전하여 주인 없는 건물이 될 때까지 백 년 가까이 병원과 군 소유의 역사였다.

종친부 이전복원이 공식화되기 전인 1차 공모전에서 가장 중요했던 주제는 이 건물을 어떤 시기의 모습으로 복원할지에 대한 것이었다. 옛 기무사 본관은 2008년 국가등록문화재로 지정되었는데, 이는 향후 문화재로 지정될 수 있는 가치있는 근현대문화유산을 선별해 보존 및 활용을 허가하는 제도이다. 따라서 경복궁 같은 국가지정문화재와 달리 외관을 크게 변화시키지 않는 범위 내에서 내부를 리모델링할 수 있다. 이 건물의 본질, 그리고 미술관으로의 용도 변경에 대한 재정의와 해석이 가능하다는 의미다. 일반적으로 서구 고전 건축의 담론은 입면에 관한 것이었다. 그러나 근대건축은 단지 외관이 아니라 공간에 그 본질이 있기 때문에 이를 보존해야 한다. 우리는 이 건물의 본질이 어느 특정 시기가 아니라 근현대의 역사적 사건에 있다고 보고 이를 중심으로 미술관으로서의 활용성에 방점을 찍었다. 천 평 규모의 옛 기무사 본관이 만 평 규모의 미술관 입구가 되는 것으로서, 연간 이백만 명의 관람객을 안전하게 수용하기 위해서는 합리적이면서도 미학적인 변경이 필요했다.

우리의 제안은 첫째, 건물의 입구를 확장하여 전면부 전체를 시민을 환영하는 형태로 열어 주는 것이었다. 건물 1층 전체가 반(半)외부 공간이 되어 열린 미술관의 시작점이 되고자 한 것이다. 관념적으로 표현하자면 '억압의 시대와 대비되는 평등 시대로의 반전'이라는 메시지를 캐노피의 변화를 통해 제유(提喩)하고자 했다. 둘째, 건물 후면에 전시실을 위치시켜 외벽이 전시실 내부 벽면이 되도록 하는 것이었다. 붉은 치장 벽돌 건물 외관이 내부가 되는 장소특정적인 전시실로 재탄생시키고자 하는 의도였다. 셋째는 외부 창호와 관련된 문제였다. 1930년대에는 생산되는 유리의 크기가 작아 창이 작았고, 1980년대 기무사 시절에는 당시 아파트에서도 흔히 보였던 은색 알루미늄 슬라이딩 창호를 사용했다. 현재의 단열 기준에 따라 창을 변경하면서 단열창을 무늬만 옛날의 것으로 흉내내기보다는 프레임이 없는 통창으로 계획했다. 넷째, 3층은 층고를 높여 옛 기무사 본관의 분위기를 살린 전시실을 조성하는 것이었다. 2층은 부대시설인 식당을 넣어 모든 층을 관람객이 즐길 수 있는 공간으로 계획했다. 이렇듯 철근콘크리트 구조와 외부 치장 벽돌은 보존하면서 대형의 열린 미술관이라는 용도를 고려한 변경을 제안했다. 이는 옛 기무사 본관이 군 시설에서 미술관으로의 기능적 변화와 더불어 군부독재의 시대에서 민주주의와 평등의 시대로의 변화를 표상하는 것이었다.

그러나 제안했던 설계를 포기하고 1930년대 외관을 되살리는 것으로만 축소한 채 실시설계를 납품했다. 협의해야 할 단계가 복잡한 문화재 건물에서 우리의 원안을 실현하려면 절차와 시간이 많이 필요했다. 문화재는 축조되었던 당시의 방법으로 보수되는 방향이 옳지만 옛 기무사 본관 복원에 충분한 비용이 책정되지 못했다. 더불어 이 건물은 구조가 취약하다는 근본적인 문제를 갖고 있었다. 이를 보강하기 전에는 전시실로 변경하거나 옥상에 조경을 설치하기도 어려웠다. 입구 캐노피의 변형도 문화재 위원들의 반대가 심했고, 보편적인 전시실이 더

미술관의 주출입구가 된 옛 기무사 본관의 전경.
억압의 시대와 대비되는 열린 미술관의 시작점을 의도했다.

미술관 주출입구 로비. 옛 기무사 시절의 인테리어 마감을 제거하니
백 년 전 철근콘크리트 구조와 거푸집이 드러났다. 2013.

미술관 사무동인 옛 기무사 본관 3층 계단실에서 본 경복궁. 2013.

필요하다는 미술계 의견도 있었다. 옛 기무사 본관의 분위기를 내부로 끌어들이는 원안은 종친부 이전복원 결정에 따라 약화시키는 것이 현실적인 대안이었다.

공사 중 서울관을 본관으로 하는 4관 체제로 변경하게 되면서, 서울관에는 직원들의 사무공간이 필요해졌다. 당시 설계가 미완성 상태였던 옛 기무사 본관을 사용하는 것이 가장 합리적인 방안이었다. 1930년대 외관으로 복원할 것을 요청하는 문화재 위원들의 의견과 2층과 3층을 사무실로 변경하자는 국립현대미술관 측의 의견을 모두 수용하여 붉은 벽돌과 구조만 유지하기로 했다. 보수 공사가 시작되고 건물 외벽의 스투코를 인력으로 하나하나 제거하자 백 년 전의 붉은 벽돌들이 온전히 보이기 시작했다. 요즘 생산되는 벽돌보다 큼직하고 정성스럽게 만들어졌으며, 벽돌공의 쌓기 수준도 지금보다 더 훌륭했음을 알 수 있었다. 전면부 일부는 파손되어 있어 벽 속에 묻힌 후면부의 벽돌을 활용했다. 공모전에서 계획했던 장소특정적 전시실의 흔적은 이곳과 연결된 로비의 후면부에만 남게 되었다.

서울관이 개관한 후, 계획 과정을 잊어버리고 있었을 때 배리 버그돌이 방문해 옛 기무사 본관의 외벽을 활용한 장소특정적 전시실이 어떻게 완성되었는지 궁금해했다. 그 역시 많이 아쉬워했으나, 다시 돌아간다 해도 옛 기무사 본관의 디자인은 관철되기 쉽지 않을 것이다. 아쉬움에 합판으로 원안을 영구 보관할 수 있는 모형을 만들어 국립현대미술관에 기증했고, 더 이상 이를 실현하자고 주장하지 않는다. 건축은 일단 시간과 세월을 견디고 볼 일이다. 서울관과 같은 대형 프로젝트에서는 집중해야 할 곳과 포기해야 할 곳을 미련 없이 구별해야 한다.

국군서울지구병원 터, 교육동

서울관 부지에서 교육동에 해당하는 부분은 1971년 국군수도병원이 이전하면서 국군수도통합병원 분원으로 사용되다가 1977년

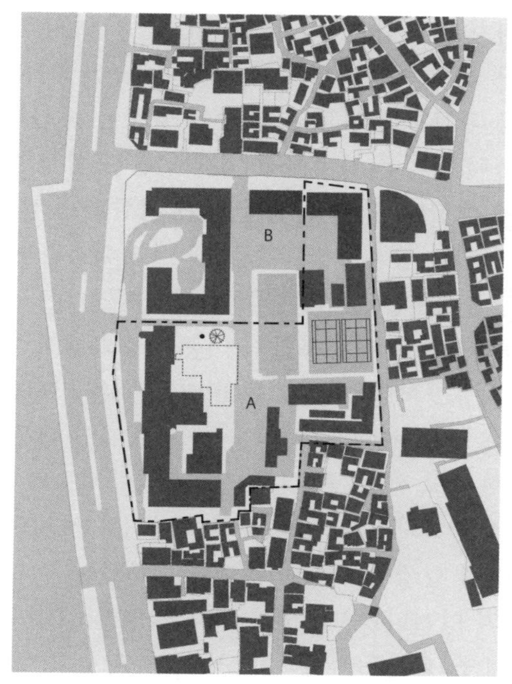

국군기무사령부(A)와 국군서울지구병원(B) 부지의 경계.

국군서울지구병원으로 승격된 건물 터이다. 이 병원은 청와대에 인접해 대통령과 주요 공직자를 위한 특수병원으로서 일반인의 출입이 불허되었다.[22] 1979년에는 박정희 전 대통령이 이곳 응급실에서 운명한 것으로 알려져, 그 기록이 맞다면 제삼공화국의 종말이 이곳에서 이루어졌다.

1982년에는 에칭된 곡면 스테인리스 스틸 판재를 수직 루버 형식으로 사용한 국군서울지구병원의 새 건물이 신축되었고, 서울관 공사 직전인 2009년까지 운영되다가 2010년 9월 철거되었다. 의료시설 겸 군사시설에서 대통령 전용 병원까지 건물의 용도는 여러 번 바뀌었지만, 변하지 않았던 사실은 옛 기무사 부지와 마찬가지로 줄곧 시민들의 접근을 허용치 않았다는 것이다. 이 부지가 미술관 터로 확정되면서, 국군서울지구병원 터도 미술관에 포함되어야 하는지를 두고 논쟁이 있었다. 국립현대미술관 측은 이 터가 서울관 계획에 포함되지 못할 경우 면적이 부족하기 때문에 국군서울지구병원을 이전하여 터를 확보하고자 했다. 나중에 발굴된 종친부까지 끌어안아야 했던 상황을 생각하면 병원 터를 포함하지 않은 반쪽짜리가 될 뻔했다. 시민을 위한 열린 시설과 특정인만을 위한 닫힌 시설이 어떻게 공존하겠는가. 결국 무리해서라도 이전을 추진했던 국립현대미술관의 판단이 결정적이었다.

국립현대미술관은 교육공간의 비중이 증가하고 있는 다른 해외의 주요 미술관처럼 미래 교육에 대한 높은 비전을 가지고 있었다. 우리는 국군서울지구병원 터에 독립적인 건물을 계획해 그 비전에 대한 건축적 실체를 만들었다. 일반적으로 교육공간은 부속 공간으로 인지되어 후미진 곳에 배치되곤 하지만, 서울관의 교육동은 전면에 얼굴을 드러낸 것이다. 교육동은 ㄱ자 모양으로 분할된 세 개의 덩어리가 테트리스 조각처럼 엮여 북촌과 마주하는 형태다. 전시동은 옛 기무사 본관 뒤로 거대한 매스를 숨길 수 있지만 교육동은 온전히 북촌변에 외부로 노출되기에 건물을 작은 규모로 분절했다. 공모전에서 정의했던 '멀티스케일 미술관'에 해당하는 부분이다. 교육동은 거대 공간의 전시동과는 대비적으로 내부도 아기자기한 공간으로 구성했다. 전시동과 달리 교육동은 특정 분야의 전문가들과 교육 대상자들이 지식을 습득하기 위해 반복적으로 방문하는 시설이다. 이러한 특성을 반영해 건물 면적을 키우고 별도의 입구를 만들어 존재감을 높였다. 또한 지하주차장을 개방해 미술관 로비홀을 거치지 않고 교육동을 통해 드나들 수 있도록 했다. 교육동이 단순한 수업 공간이 아니라, 시민들에게도 열린 공간이 되길 바랐기 때문이다.

교육동은 워크숍갤러리, 강의실, 디지털도서관과 디지털아카이브로 구성했다. 테이트모던의 초대 관장 니콜라스 세로타(Nicholas Serota)가 동시대 미술관의 변화에 중요한 축으로 삼았던 작가의 작업실 모델은(p.180 참고), 우리 계획안에도 미술관의 미래를 예견하는 주요 축으로 등장한다. 이러한 이유로

상주 작가의 작업실이자 관람객이 작품의 생산 과정을 공유하는 공간인 워크숍갤러리를 교육동의 핵심 시설로 설정했다. 건물에 들어서면 가장 먼저 이 공간이 나오도록 하여 1층(현재의 한식당)과 2층(현재의 1작업실)에 위치시켰다. 여기서 1층 후면부를 따라 내려 돌아 내려가면 전시동과 연결되며, 2층으로 올라가면 교육공간과 도서관이 나오도록 했다. 전시동이 옛 기무사 본관에서 시작해 화이트큐브, 매직박스 및 블랙박스[23]의 흐름으로 진행된다면 교육동은 비술나무마당(현재의 열린마당)에서 워크숍갤러리로, 전시동 지하 1층의 프로젝트갤러리(현재의 7전시실)와 멀티프로젝트홀(현재의 MMCA다원공간) 등으로 기능들이 연쇄 반응을 일으키도록 배열했다. 교육동의 맨 뒤쪽에는 도서관마당이 있다. 이 마당을 중심으로 계획된 디지털도서관과 디지털아카이브는 미술 관련 서적과 자료를 열람하고 즐기는 공간으로, 주변 삼청동의 세련되고 상업적이고 카페 같은 공간과 대비적으로 느린, 자율적으로 부담 없이 즐기는 공공시설이 되었으면 했다.

강의실은 2층 디지털아카이브와 워크숍갤러리 사이에 위치시켰다. 강의실은 세 개만 만들었는데, 한 개에 주당 열 개 이상의 프로그램을 실행할 수 있기 때문이다. 우리는 강의실보다 수업 전후 준비와 관련 행사를 진행할 수 있는 공간에 더 집중했다. 이를 위해 비술나무의 조망을 넣고, 요란한 파티가 열려도 밖에서는 알 수 없는 숨겨진 야외 테라스도 만들었다. 지식의 전달보다 자유로운 소통이 더 중요하다고 생각했기 때문이다. 3층에는 경복궁과 멀리 인왕산의 원경이 보이는 경복궁마당과 워크숍갤러리(현재의 2작업실)를 두었다. 근경의 비술나무 조망이 근사한 2층 비술나무홀(현재의 교육동 로비)과는 열림과 닫힘을 다뤘다는 점에서 대비적인 위치에 있다. 이러한 내부 기능이 그대로 입면의 형상이 되었다.

실시설계 중 과천관의 경험으로 식당의 역할을 중요하게 검토하게 되면서, 워크숍갤러리를 2층과 3층으로 올리고 1층은

교육동 전경. 시민들에게 열린 공간이 되도록 동선과 조망을 고려했다.

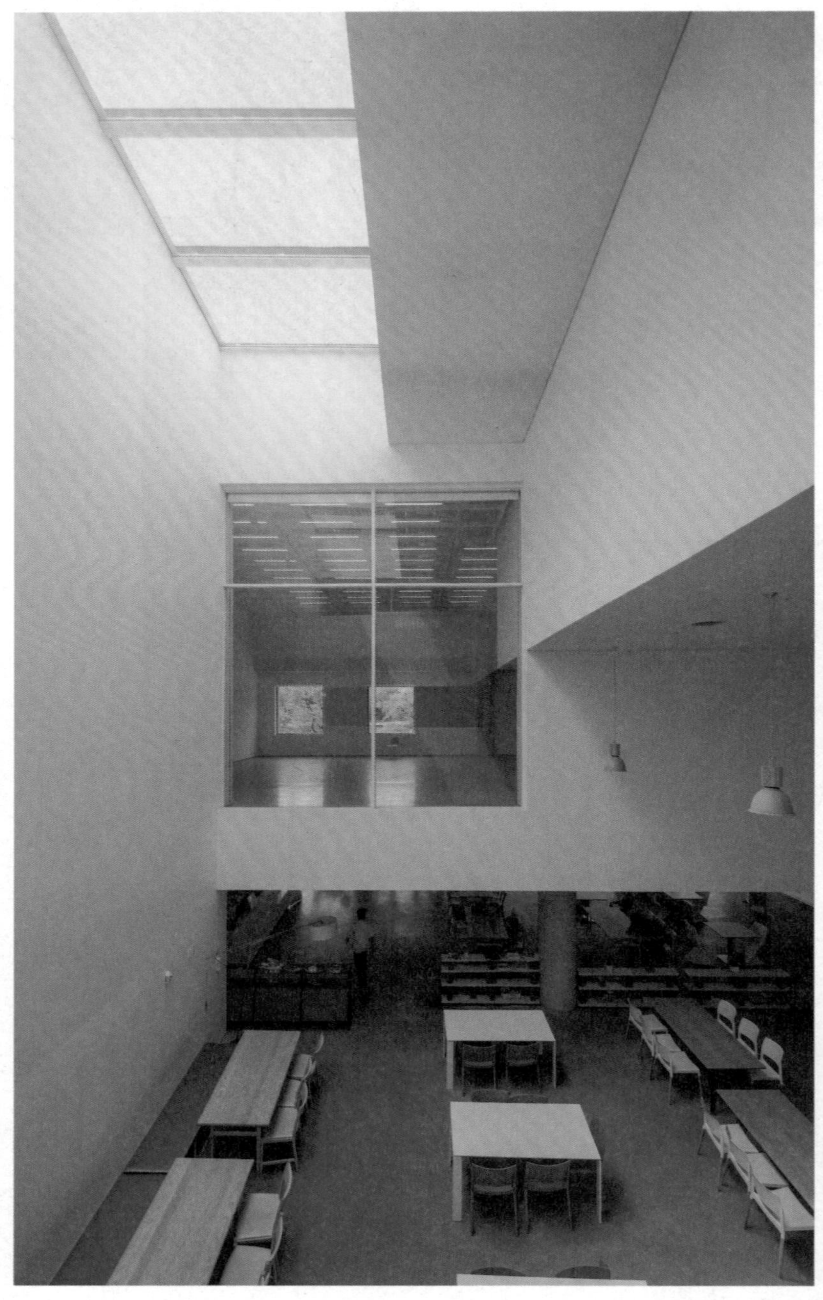

교육동의 핵심 시설인 워크숍갤러리 공간으로 계획했던 1층과 2층 연결공간.
사진은 개관 시 카페테리아로 사용되었을 때의 모습이다.

카페테리아로 변경했다. 그 당시까지만 해도 카페테리아는 열린 구조였다. 그러나 2021년 말 이 자리에 한식당이 들어섰다. 맛과 서비스가 개선된 전문 음식점이 들어섰다는 것은 반가운 일이지만 인테리어의 전략에서는 아쉬움이 남는다. 교육동 간판이 있어야 할 자리에 식당 간판이 세워지면서 교육동의 정체성이 모호해지고 접근을 어렵게 만들었다. 작가의 분위기로 가득 차길 기대한 비술나무마당은 식당 앞마당처럼 느껴져 어색한 조합을 이루고 있다. 또한 개방적으로 계획되었던 내부 구조가 폐쇄적인 방 중심으로 바뀌면서 다른 전시실과의 연결이 차단되었다. 구체적인 정책과 용도는 운영 방향에 따라 변해 가지만, 건축의 구조와 구성은 한번 정해진 이상 오래 유지된다. 주변 상업시설과 경쟁하는 자리는 옛 기무사 본관 2층이나 주변 삼청동에 내주고, 이 중요한 위치에서는 교육동을 중심으로 한 미래형 공공기능이 회복되기를 기대해 본다.

서울관의 상징적 중심, 종친부

종친부 경근당과 옥첩당의 이전복원 결정으로 설계 방향이 크게 변했고, 서울관의 주요한 정체성이 옛 기무사 본관에서 종친부로 옮겨 갔다. 『숙천제아도』에 수록된 〈종친부〉(p.51 위)를 살펴보면 중앙에는 훗날 경근당이 된 관대청이, 그 아래로는 내삼문이 위치한 안마당(윗마당)과 솟을대문이 위치한 바깥마당(아랫마당)이 있으며, 행랑채와 담장이 주변을 둘러싼 모습이다. 담장 일부는 현재까지도 그 자리에 남아 있다. 지금은 존재하지 않는 솟을대문은 1930년대 및 1960년대 사진에서 확인할 수 있었고, 행랑채는 경성의학전문학교 부속의원의 입원실로 사용되기도 했다.

1866년 흥선대원군이 종친부를 증축하면서 만들어진 이승당은 해방 후 1950-1960년대에 터가 군부대로 이용되는 동안 소실된 것으로 추정되며 1980년대 지도에서는 보이지 않는다.

이승당 터에는 지하 구조물이 있는 변전소가 위치하여 아무것도 남지 않았지만, 경근당과 옥첩당 터는 테니스장으로만 사용하여 그 유구가 그대로 보존될 수 있었다.

경근당과 옥첩당이 복귀하면서 지하 기초를 새로 만들고 일부 목구조도 수선해야 하는 상황이었다. 그러나 이 두 건물을 제외한 종친부의 전통 건축물들, 이를테면 내삼문이나 솟을대문 등은 복원하지 않았고 신축 건물도 세우지 않고 비워 두었다. 과거의 흔적들은 예술적 영감의 원천이 되어 작가들이나 관람객들을 자극하는 재료가 되어 줄 것이었다. 브라이언 래드(Brian Ladd)가 그의 저서 『베를린의 영혼들(The Ghosts of Berlin)』[24]에서 말했던 것처럼, 한때 사용되었던 건축 시설이 멸실된다고 해서 영원히 없어지는 것은 아니다. 그 자리에 있었던 공간의 역사는 지워지지 않고 층층이 쌓여 갈 뿐이다. 각각의 대지에 적층된 여러 역사를 찾아내 가감 없이 드러낼수록 서울은 더욱더 자부심을 가질 만한 도시가 될 것이다.

종친부는 한편으로 대형 미술관으로서의 서울관을 구성하는 데 많은 어려움을 야기했다. 첫번째 문제는 경복궁과의 관계에 있었다. 통경축을 확보하라는 심의 의견에 따라 경복궁과 종친부가 연결되는 축선상은 건물로 막을 수 없게 되었다. 공모전 계획안에서 현재 카페의 위치는 교육동과 전시동을 잇는 넉넉한 높이의 연결 통로였으나 환기 설비를 설치하기 어려울 정도로 높이를 낮춰야 했다. 두번째 문제는 종친부 이전복원으로 종친부 터의 지하를 사용하지 않게 되면서 발생했다. 첫번째 문제로 지상과 건물 내부의 연결성이 약해진 상황에서, 두번째 문제로 지하층에서조차 연결 가능한 면적이 좁아지게 되었다. 공모전에서는 지침에 따라 지하 개발이 가능하여 종친부 터 아래쪽이 전시실로 계획되어 있었다. 하지만 이 심의의 결과로 설계를 변경해야 했고, 전시동과 교육동의 지하 1층을 가로지르는 단청홀의 역할이 더 중요해졌다. 층고가 낮아진 지상 1층 연결부 통로는 두 건물의 연결을 개선하기 위해 전시동과 교육동 모두에 필요한 휴게공간(현재의 카페)을 개방된 형태로 계획하게 되었다. 이는 남북 방향으로는 전시동과 교육동을 동선으로 연결하고, 동서 방향으로는 전시실과 미술관마당을 시각적으로 연결하는 역할이 부여되었다. 문화재 위원들과는 열리는 창과 개구부를 만들지 않아 밖에서는 존재감이 없도록 하는 것으로 합의했다. 휴게공간은 종친부 내삼문의 위치에서 전시와 문화재의 여운을 즐기는 미술관의 중요한 자리가 되었다.

삼청로에서 보면 종친부 경근당은 왼쪽의 교육동과 미술관 입구 역할을 하는 오른쪽의 옛 기무사 본관 사이에서 중심을 잡고 있다. 그 앞에는 빈 마당들이 있어 규모가 비교적 작은 경근당의 위계를 높여 준다. 공간의 위엄은 건축 자체보다는 여백에서 온다. 우리 전통건축의 궁궐이나 사찰뿐 아니라 전통적인 유럽 도시의 성당을 봐도 성당 자체가 위엄을 만드는 것이 아니라, 성당이 중심에 있도록 하는 광장이 위엄을 만든다. 같은 원리를 서울관 계획에 적용해, 면적으로 보면 백분의 일 규모도 안 되는 종친부를 부각하기 위해 마당과 축을 이용하고 미술관의 매스들이 배경처럼 자리한 것이다.

미술관의 중심공간, 서울박스

옛 기무사 본관 후면의 돌출부 2층에는 사령관실이 있었다. 쇼윈도처럼 단판 유리 두 장을 맞댄 거대한 창으로는 간결한 정원과 테니스장이 한눈에 들어왔다. 테니스장이 들어서기 전인 1981년 이전에는 종친부 경근당과 옥첩당을 이 창을 통해 시원하게 바라다볼 수 있었을 것이다. 여기서 바라본 풍경이 서울박스의 시작이었다. 옛 기무사 본관 후면에서부터 전시실들이 분배되는 미술관의 중심공간을 바로 이곳에서 떠올렸다.

사령관의 정원과 테니스장이 있던 자리에는 현재 전시동 지상 1층과 지하 1층에 걸쳐 서울박스가 위치해 있다. 옛 기무사 본관과 종친부의 긴장 관계를 환유적으로 형상화한 곳으로,

종친부 유구에서 바라본 옛 기무사 본관의 후면. 돌출부가 철거된 모습이다. 2012. 1.

옛 기무사 본관의 사령관실 내부.
뒤쪽으로 난 통창에서 바라본 풍경에서 서울박스를 구상했다. 2009.

시간을 달리하고 존재했던 두 건축이 서울관의 조성을 계기로 다시 모였다. 사령관실의 창에서 서울박스를 구상하고 서울박스를 디자인하면서 옥첩당이 보이는 창을 만들었다. 서울박스는 가로세로 33미터 정방형의 평면에, 높이 16.6미터의 공간으로, 여기서는 네 벽면이 균등하고 거의 완벽한 평등 속에 존재한다. 옥첩당이 보이는 창과 8전시실에 재현된 '사령관실의 창'은 대척점에 있지만, 그 사이를 거대한 벽이 가로막아 서로 마주 보지는 않는다. 이 벽을 기준으로 서울박스의 공간은 사 대 일로 분할된다. 옥첩당이 보이는 창 앞에는 가로세로 24미터의 큰 전시공간이 있고 사령관실의 창 위에는 천창이 있다.

서울박스는 전시공간이지만 각 전시실들을 연결하는 중심공간의 역할도 한다. 공모전에서는 전시실에 관한 정보를 제공한다는 점에서 '인포박스'라고 명명했으나 개관하면서 '서울박스'로 변경되었다. 이곳은 지상에서는 1전시실, 지하에서는 2, 3, 4, 5, 7전시실 및 수장고와 인접해 있고, 에스컬레이터와 엘리베이터, 계단 등 지상과 지하를 연결하는 수직 동선도 몰려 있다. 이는 여러 형태와 동선을 엮어 가며 움직임을 만들고 여러 대안을 마련한 결과이다. 구체적인 모형이 나온 계획만 열 개 이상이었고, 그 가운데 최종안이 정해졌다. 이 공간은 중앙의 큰 벽체가 기둥처럼 자리하는 우산 같은 구조이다. 이 벽체에 에스컬레이터가 매달리고, 외피는 기둥 없이 반투명한 두 겹의 유리로 둘러싸여 있다. 바깥쪽은 단판 유리로 외장의 테라코타 타일처럼 곡면으로 만들었고, 안쪽은 단열 유리로 실질적인 외벽 기능을 하도록 했다. 이 두 겹의 유리를 거쳐 자연광이 지하까지 유입되면서 미술관 전체를 밝게 만든다. 마치 창호지를 바른 반투명한 문살이 그런 것처럼 그 사이로 보이는 옥첩당이 더욱 근사하게 보일 것이었다. 서울박스를 비롯해 이와 연결된 전시실들은 모두 그림자 없는 흐린 날과 같이 확산광으로 충만하다. 그러나 서울박스는 외피의 반투명 유리를 관통하는 자연광에 의해 내부 공간의 분위기가 시시각각 변한다.

공용 홀인 서울박스는 기술적으로 전시실이 갖추어야 할 조건을 충족시키지 않는데, 예를 들면 항온항습 기능이 없고 자외선이 조절되지 않는다. 하지만 여기에 설치되는 작품은 지하 7.2미터, 지상 10미터, 합계 17.2미터의 높은 공간을 활용할 수 있다. 작품을 바닥에 올려놓을 수도, 가운데 벽체에 지지시킬 수도, 천장에 매달 수도 있다. 따라서 충분히 전시 용도로 사용될 수 있는 공간이다. 여러 동선과 정보들을 매개하는 동시에 작가들에게 영감을 주는 장소특정적 전시공간으로 진화할 수 있도록 가능성을 열어 둔 것이다.

테이트모던의 터빈홀에서 개최되었던 전시 '유니레버 시리즈'처럼 서울박스에서는 2013-2016년까지 '한진해운(대한항공) 박스 프로젝트'가 개최되었다. 처음부터 전시공간이 서울박스로 지정된 것은 아니었다. 개관전에서 처음으로 이 프로젝트를 준비하던 서도호 작가가 서울관 도면을 직접 확인하고 전시 장소로 지목한 것이 서울박스였다. 우리는 환경 조건에 대해 우려를 표하기는 했지만, 서울박스 기능에 대한 예상이 맞았다는 확신이 들었다. 작가들은 서울박스를 매력적인 전시공간으로 보는 것이었다. 그의 작품은 서울관이 주는 숙제를 잘 풀어냈다. 채광을 차단하지 않았고, 작품 속을 드나들 수 있도록 하여 관객의 동선에도 방해가 되지 않았다. 푸른빛 천으로 된 투명한 작품은 우리가 만들어 놓은 공간의 빛에 잘 반응했다. 특히 아침 햇살이 막 들어올 때 가장 근사했다. 〈집 속의 집 속의 집 속의 집 속의 집〉(2013)은 그렇게 탄생했다. 이 작품은 반투명한 천 재질로, 미국 유학 시절에 살던 3층 주택을 실물 크기로 재현하고 그 속에 작가가 살았던 성북동의 전통 한옥집을 천장에 매달았다. 이 둘이 첫번째와 두번째 집이라면 세번째 집은 아침 햇살이 들어오는 서울박스이고, 네번째 집은 서울관, 그리고 다섯번째 집은 서울이다. 로비에서 진입하면 종친부를 향한 창을 통해 들어오는 역광이 두 집을 겹쳐 비추게 되는데, 이 모습이 가장 대표적으로 기사화되었다. 이 작품은 장소특정적인 데다

여러 형태와 동선의 가능성을 염두에 둔 서울박스 대안들(위)과 최종안(아래). 옥첩당이 보이는 창은 유지하되 전시실들을 지하로 내렸고, 창이 전시의 배경이 되도록 대형 공간을 계획했다. 2011. 2.

서울박스에 설치된 서도호의 〈집 속의 집 속의 집 속의 집 속의 집〉. 2013.
높은 층고와 채광을 활용한 장소특정적 작품 설치의 좋은 사례였다.

서울박스에 설치된 레안드로 에를리치의 〈대척점의 항구〉. 2014.
뒤쪽 창문을 통해 보이는 옥첩당과 아르헨티나 항구를 재현한 작품이 어우러진 모습.

더욱이 다섯 개의 집 중 작가가 직접 만든 것은 두 개밖에 없기 때문에 다른 장소에서는 전시하기 어려울 것이다.

개관전 이후 서울박스는 동선의 결절점 역할을 넘어, 대표적인 전시실이 되었다. 이 공간에는 서도호의 작품이 정답이라 생각했는데 두번째 작품인 〈대척점의 항구(Port of Reflections)〉(2014)는 다른 관점에서 흥미로웠다. 아르헨티나의 개념미술가 레안드로 에를리치(Leandro Erlich)는 지구 반대편 아르헨티나에 있는 항구와 정박한 배들을 선보이며 종친부 옥첩당과 아르헨티나의 항구가 조우하고 있는 모습을 만들었다. 지구 반대편의 지역적인 풍경이 만나는 묘한 상황과 작가의 흥미로운 디테일이 모여 의미를 가지면서도 창의적이었다. 작품의 미술적 가치보다 이처럼 서울박스를 면밀히 관찰하고 그의 감성과 철학을 더해 작품으로 만들어냈다는 점을 높이 평가하고 싶다.

이후 2015년 율리어스 포프(Julius Popp)의 〈비트.폴 펄스(Bit.fall Pulse)〉와 2016년 양지앙그룹(Yanjiang Group)의 〈서예, 가장 원시적인 힘의 교류〉는 어두운 전시실이 요구되었다. 이들을 서울박스에 설치하기 위해 공간을 어둡게 차단시켜야 했고, 그 바람에 서울박스뿐 아니라 내부 전체적으로 빛의 균형이 깨졌다. 이미 만들어진 작품을 서울박스 같은 장소특정적 공간에 전시하기 위해 밝은 공간을 암실로 만들거나 강한 조명으로 주변의 시각을 마비시키는 등 주요 환경을 변경할 때는 신중해야 한다. 미술관의 다른 공간에 연쇄적으로 영향을 주기 때문이다. 이러한 작품은 독립적이고 보편적인 인프라를 갖춘 5전시실이 전시하기에 적절하다.

지하 전시실의 빛, 전시박스

국군서울지구병원 터가 서울관에 포함된 것은 역사적으로 중요한 사건이었다. 그 의미를 담기 위해 다른 건축을 세우는 대신 그 자리를 지하 1층 전시실 깊이까지 비우고 가로세로

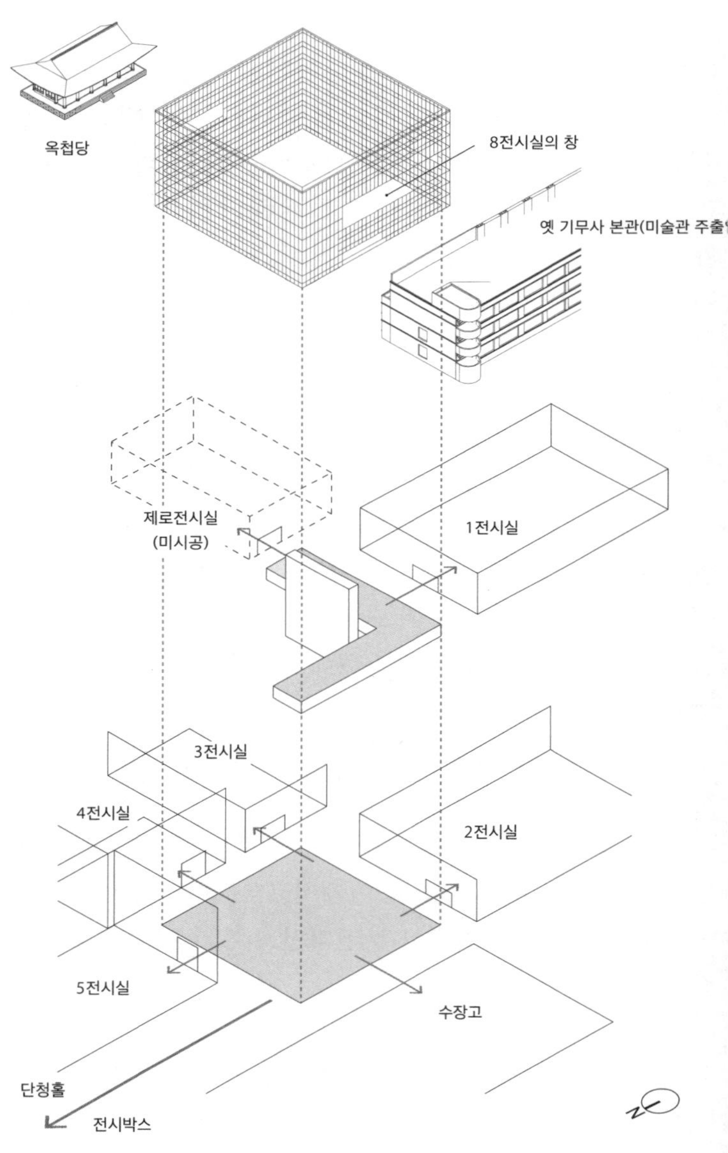

서울박스의 엑소노메트릭.

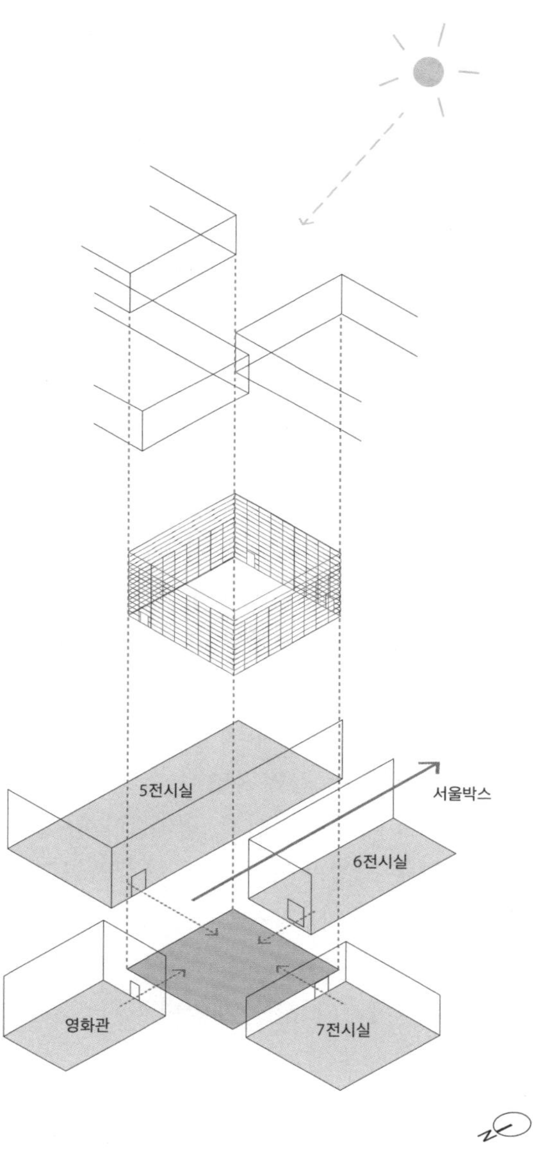

전시박스의 엑소노메트릭.

24미터의 정방형 중정을 만들었다. 솔리드(solid)였던 병원이 보이드(void)가 된 것이다. 결과적으로 이 중정은 지하에 풍부한 자연광을 끌어들여 쾌적한 전시 관람을 도와주는 빛의 정원이 되었다. 중정을 둘러싼 남쪽 벽의 높이를 가장 낮게 만들어 오후의 빛이 충분히 들어오도록 했고, 외피는 투명한 유리를 주로 사용했다. 지하 공간에 빛이 잘 들어오게 하고, 개미굴 단면처럼 지상층의 교육동 기능들이 전시박스에서 잘 보이도록 한 것이다. 창은 프레임으로 인한 시야 가림이 적도록 수평으로 긴 형태를 사용했다.

설계하는 동안에는 이 공간을 '전시를 위한 빛의 박스'라는 의미에서 '전시박스'라고 이름 붙였고, 현재는 '전시마당'이라 불린다. 서울박스와 마찬가지로 정식 전시실은 아니지만 서울박스가 반투명 유리를 통해 그림자 없는 빛이 확산되는 내부 공간인 점에 반해 전시박스는 직사광선을 받아들이는 외부 공간이라는 점이 다르다. 전시실 사이에 위치한 휴게 녹지이자 어두운 지하를 개선하기 위한 장치로 계획되었지만 언제부턴가 여기서도 전시가 열린다. 공간의 특징으로는 사방이 유리로 둘러싸여 하늘과 구름이 유리창에 비치며 음영을 만들어내고, 음이 반사되어 잔향(殘響)이 길어지면서 소리가 많이 울린다. 특히 「바우하우스의 무대실험—인간, 공간, 기계」(2014-2015)에서 전시된 일부 작품들이 이곳의 시각적이고 음향적인 특징을 효과적으로 이용했다.

미래의 유산, 계단박스

삼청로와 북촌로5길이 만나는 곳은 서울관의 네 개 모서리 중에서 가장 중요한 위치라고 판단하여 마지막까지 어떻게 설계해야 할지 고민한 부분이다. 결국 기존의 은행나무 가로수를 제거하지 않고 나무와 담장의 기단으로 양쪽 길의 단차를 극복하며 모서리를 정의하고자 했다.

계단박스는 이 모서리 안쪽 필로티에 위치한 계단으로, 지상과 지하1층을 연결한다. 관람객들이 내부에서 전시를 둘러본 후 이를 통해 바로 외부로 나갈 수 있도록 계획했고, 피난 동선 역할도 겸하도록 했다. 계단박스는 서울관과 도시를 연결하기도 하는데, 비술나무마당과 연결된 이곳에서 길을 건너면 경복궁과 국립고궁박물관이 자리한다. 계획 단계에서는 서울관의 출구를 이곳으로 보았다. 지하 전시실에서 길을 잃은 듯 예술의 세계에 몰입하다가 계단을 한 단 한 단 오르면 조금씩 인왕산과 경복궁이 보이면서 다시 도시의 오리엔테이션을 찾고 삶의 공간으로 돌아오는 것이다. 영주 부석사(浮石寺)에 오르는 돌계단이 불계에 진입하는 것과 대조적으로 계단박스를 오르면 현실로 돌아온다.

이 공간이 지닌 의미는 전시실의 성격과도 연결되는데, 전시동에서 교육동 방향으로 갈수록 동시대적이고 미래적인 전시실이 위치하도록 의도했기 때문이다. 교육동 북쪽에 있는 계단박스는 이런 의도에서 따지자면 서울관에서 가장 실험적인 전시공간이 되어도 충분한 자리이다.

더불어 의도적으로 비워 둔 유보지이기도 하다. 배순훈 전 관장은 문화재의 영향으로 지상층 증축이 어려울 테니 가능한 한 많은 지하 공간을 터파기해 놓자고 했고, 이에 따라 미래를 위해 만들어 놓은 것이다. 별다른 디자인 없이 기본 공사만 끝난, 화재 시 법적 피난로 역할만을 하는 단순한 공간처럼 보이도록 했는데, 그렇게 해야 앞으로 더 실험적인 시도가 가능할 것 같았다. 또한 계단은 객석이면서 무대가 되는 불확정적인 특징이 있다. 여기서 작가들이 전시실 형식에 갇히지 않고 창의성을 자유롭게 표현할 수 있기를 바랐다. 마치 팔레드도쿄처럼 말이다.

중재와 소통, 마당들

정원은 독립적이며 자체적으로 의미를 생성한다. 그러나 마당은 그 자체보다는 인접한 건축공간의 용도에 따라 그 의미와

지하 공간으로 풍부한 자연광을 끌어들이는 전시박스.

지하 전시실과 지상을 연결하는 계단박스.
미술의 세계에서 현실 세계로 돌아가는 여정을 의도했다.

작동법이 결정된다. 마당의 큰 개념인 광장도 마찬가지이다. 파리의 노트르담대성당 앞 광장은 노트르담대성당이, 서울의 명동성당 앞 광장은 명동성당이 정의한다. 우리는 이런 원리로 마당의 이름과 용도를 정했다. 종친부 앞에 있으면 종친부마당, 미술관 앞에 있으면 미술관마당이다. 보는 위치에 따라 미술관마당은 종친부마당이 되기도 한다. 이에 따라 마당의 디자인 계획은 주변 건축공간에 더 집중하는 방식으로 진행되었다.

서울관은 여러 마당을 가지고 있다. 그중 오른쪽으로 미술관 입구가 위치하는 미술관마당은 가장 중심에 있다고 할 수 있다. 위치적으로는 종친부 바깥마당(아랫마당)으로서 종친부 축을 유지하며, 뒤쪽 안마당(윗마당)에 경근당이 자리하고 있기에 역사적으로나 상징적으로는 경근당의 공간이기도 하다. 이곳이 전시에 사용될 경우 주로 삼청동길에서 진입하기에 경근당이 전시의 배경이 되며 미술관 로비는 미술관마당의 객석이 된다. 마당 북쪽에 석재 벤치를 둔 것도 같은 이유에서이다. 석재 벤치에 앉아 보는 마당의 경관은 실내에서 바라볼 때와는 사뭇 다른 분위기이다. 동쪽에 위치한 휴게공간에서는 마당 전면의 인왕산과 경복궁을 함께 즐길 수 있다. 이렇듯 미술관마당의 사방은 실내외에 벤치를 두어 머무르는 관조의 장소로 계획했다.

미술관마당의 바닥 재료는 경복궁 근정전 앞마당과 같은 비정형 박석을 선택했다. 이 거친 바닥은 유리와 테라코타 타일처럼 서울관에 사용된 다른 현대식 재료와는 이질적일 수 있다. 그러나 빗물을 빠르게 배출하기 위한 선형의 배수 트랜치를 세 줄 설치해야 했고, 트랜치와의 결합을 위해 정방형으로 변경하고 잔디 띠를 둘렀다. 지하 구조물이 있는 현대건축에서 박석 포장은 쉬운 것이 아니었다.

미술관마당 북쪽 벽의 일부는 막돌로 쌓았다. 송현동 공원 부지를 미국 대사관이 사용할 때의 담장과 같은 재료로, 현재 '열린송현녹지광장'으로 개방된 상태에서도 일부 낮은 담장으로 남아 있다. 사실 이것은 바닥의 박석 포장을 담장까지 연장시킨 것으로, 건축물 사이 토목 옹벽처럼 보이고자 한 의도이다. 이 풍화된 거친 돌을 쌓는 데는 수작업이 요구되는데, 대부분의 건축 재료들이 공장 생산되어 규격화된 것과 차별성이 있다. 열린 미술관을 표방한 서울관에서 유일하게 경계 짓는 역할을 하는 담쟁이다.

서울관의 마당에는 처마가 없고 그늘이 없다. 전시실 분위기를 조성하기 위해 수직 벽면 위주로 만들었기 때문이다. 개관 이후 사 년간 매해 여름 미술관마당에서는 외부 공간에 부족한 '그늘과 물'을 주제로 「젊은 건축가 프로그램」 설치 작품들이 전시되었다. 나는 매년 심사위원으로 참여하면서 새로운 형식과 신선한 아이디어를 가진 작품들을 봐 왔다. 그 작품들을 설치하고 철거하는 과정을 감상하는 것은 그동안의 고생을 보답받는 듯한 즐거움이었다.

종친부 아랫마당이 있었을 미술관마당에는 원래 기무사의 지하 벙커가 위치했고 그 바로 옆에 서울시 보호수 소나무와 서울시 문화재자료인 종친부 터 우물이 함께 있었다. 우리의 계획은 수장고와 미술관마당을 공사하는 동안 보호수와 우물을 다른 곳으로 옮겨 두고, 공사가 끝나면 보호수와 우물을 다시 원래의 위치로 가져오는 것이었다. 그러나 보호수의 경우 조경 자문위원의 의견으로는 수령이 백 년 이상 된 나무를 지하 구조물이 있는 자리에 심기는 어렵고, 두 번 옮기기는 더욱 힘들었다. 결론적으로 심의에 따라 생육 환경을 고려해 현재 위치인 이승당 터로 결정되었다. 기단 흔적만 남길 계획이었던 우리는 당혹스러웠지만 나무의 이전은 설계보다 앞서 진행되었기에 보호수는 먼저 옮겨졌다.

이 경관은 우연이다. 그러나 계획했던 이승당의 흔적보다 더 역동적인 결합이 되었다. 이승당 터는 아침부터 저녁까지 일조량이 풍부해 원래의 위치보다 생육 조건이 훨씬 뛰어났다. 십 년이 지난 지금은 마치 아주 오래전부터 그 자리에 있었던 듯,

교육동에서 바라본, 전시동의 경계에 설치된 막돌 담장과 그 너머의 미술관마당.

삼청로 쪽에서 바라본 미술관마당. 경복궁과 종친부의 통경축을 존중하면서 전시동의 입구는 남쪽으로 비켜섰다.(pp.124-125)

술관 서울관
National Museum of Modern and Contemporary Art, Seoul

이승당 석축을 뿌리의 경계로 삼아 당당하게 서 있다. 이승당이 소실된 자리로 나무가 옮겨지고 성장한 것도 이제는 하나의 역사가 되었다. 우리가 유적을 남기고 보존하는 이유는, 역사를 맹목적으로 숭배하려는 게 아니라 현재의 시점에서 역사의 의미를 찾고자 하는 데 있을 것이다.

보호수 옆에 있던 종친부 터 우물은 현재는 교육동 뒤편으로 이전되었다. 이 조선시대의 우물은 화강암 두 덩이를 원형으로 이어 붙여 만들어졌고 상부에 네 귀가 조출되어 있다. 1984년 기무사 지하 벙커 공사 도중 지하 3미터에서 우물돌이 발견되어 현재와 같은 형태로 복원된 것이다. 상수도가 없던 시절에 우물 터는 많은 사람들이 모이는 중요한 자리였기 때문에 상징적으로도 현재 위치보다는 종친부 아랫마당이었을 미술관마당으로 돌아감이 더 적절하다.

교육동 끝에 있는 도서관마당은 북촌 방향에서 보면 서울관의 시작에 해당한다. 마당 스케일은 북촌의 맥락을 고려해 가장 먼저 스케치했다. 마당과 건물의 조합이 가장 삼청동에 어울린다고 생각했기 때문이다. 도서관마당과 마당 출입구의 역할은, 건물 뒤편에서 관광객이 아닌 파리 시민들이 줄을 서서 도서관에 출입하던 퐁피두센터의 기억에서 구상했다. 서울관의 전시동과 미술관마당이 퐁피두센터 앞 광장의 역할을 한다면, 도서관마당은 퐁피두센터 뒤편 시민들의 공간이 되어 준다. 주변 북촌이 소비의 공간인 데 반해 충전의 공간이라 할 수 있다. 도서관마당 남쪽으로는 디지털도서관 입구가 있고, 거리에 면해 열려 있는 쪽은 북쪽이다. 이곳은 도서관마당이기도 하지만 이웃에게도 시원한 경관을 제공하는 주변 이웃의 마당이기도 하다. 서쪽으로는 디지털아카이브를, 동쪽으로는 작은 북카페(현재의 티하우스)를 계획했으나 현재는 디지털아카이브를 계획한 자리에 티하우스가 있고, 북카페를 계획한 자리에는 도서관이 확장되어 있다. 도서관마당에는 살구나무 다섯 그루를 심었는데, 봄에는 하얀 꽃을 피우고 여름에는 그늘과 바람을 만들며 가을에는 열매를 맺어 마당에 계절의 변화를 담아 주기를 원했다. 원래는 평지로 계획되었으나 마당 아래 멀티프로젝트홀의 층고 요구가 높아져 지상에 나무를 위한 토심이 부족하게 되었다. 구릉진 형상은 기단 같은 디자인의 추가 없이 나무뿌리 공간을 확보하기 위한 것이다. 서울관이 만들어지기 이전 북촌변 대지는 3미터 높이의 담장으로 단절되고 그 너머에는 헌병이 지키고 있었기에, '공사 중' 장막이 걷히고 녹색의 마당이 보이자 사람들은 환호했다. 담장이 제거된 이후엔 도서관마당 건너편 카페에 앉아 공사가 마무리되는 현장을 구경하는 이들도 있었다. 도서관마당과 그 입구 사이에는 지구단위계획의 규정에 따라 공중화장실을 설치해 공공이 이용 가능하도록 했다.

종친부 시기 윗마당이 있었을 자리에는 종친부마당이 자리한다. 종친부마당은 지상에는 지구단위계획에서 설치된 공중보행로가 관통하여 마당을 분할하고, 지하에는 전시동과 교육동을 연결하는 주요 통로가 지나간다. 이러한 이유로 윗마당은 머무르는 장소보다는 통로가 될 운명이었다. 마당의 높이는 지하 시설물로 1.5미터 높아지게 되었고, 이 부분을 잔디로 마감하고 배롱나무 두 그루를 심어 장소적 의미를 부여했다. 결과적으로 경복궁과 종친부를 잇는 통경축에는 건축물은 서지 못한 채, 1.5미터 높이로 인해 종친부 지붕만 보이고 배롱나무만이 요란한 모습을 뽐내게 되었다. 이곳은 경복궁 방향으로 시야가 트여 있어 통과하는 사람들이 많고 그들은 공원처럼 머무르기도 한다. 개관전에서는 김승영의 〈따뜻한 의자〉가 설치되었다. 보일러의 원리를 이용해 사람의 체온인 36.5도를 유지하는 작품으로, 이 온기로 종친부 터의 역사적 아픔을 치유한다는 의미가 있었다. 관람객은 여기에 앉아 종친부와 그 주변을 감상할 수 있었다. 바닥 곳곳에 놓인 판석에는 이 일대에서 벌어진 역사적 사건의 연도들이 새겨져, 풍경은 물론 한국사 지식도 감상 대상이 되었다. 마침 11월이었기에 한겨울에 온기를 불어넣은 이 작품은 꽤 인기가 있었다. 작은 의자였지만 거대한 미술관과 균형을

종친부 동쪽에서 본, 이승당 터로 옮겨진 보호수 소나무. 2013.

종친부마당에 설치된 김승영의 〈따뜻한 의자〉. 2013.

이루는 작품이었다.

교육동 3층에는 경복궁 뒤로 인왕산이 한눈에 들어오는 마당이 있다. 도시에 사는 사람들이 그 속을 활보하며 자기만의 좋은 공간을 발굴해 도시에 대한 경험을 쌓아 가듯이, 방문객들이 미술관을 탐험한 끝에 우연히 발견하는 장소로 계획된 경복궁마당이다. 인왕산은 서울관 가까이 있어도 건물들에 가려져서 제대로 볼 수 없지만 여기에서는 지상 10미터 높이에서 바라다보인다. 이 경관을 서울을 감상하는 장소로서 공모전에서부터 핵심 다이어그램으로 다뤘다. 아쉽게도 이곳은 관리상의 이유인지 일 년에 한 계절 정도만 개방된다. 이 마당을 발견한 관람객이라면 서울관을 여러 번 섭렵했을 것이다.

역사적 증인, 비술나무

서울관에는 수령 이백 년에 가까운 비술나무 세 그루가 붙어 있다. 비술나무는 창덕궁을 비롯한 우리나라 궁궐에서 많이 볼 수 있는 나무이다. 약간 높게 조성된 지면 위로 서쪽으로 비스듬하게 자란 이 나무들은 수령으로 보면 종친부 때부터 있었던 것으로 추정되고, 2010년까지는 과거 국군서울지구병원 앞 응급실을 향해 올라가는 길에 위치해 있었다. 긴 시간 땅에 순응하며 살아온 탓에 인고의 시간에 눌려 기울어진 것처럼 보이기도 하고, 일제강점기 건물에 밀려 서쪽으로 기울어진 것 같기도 했다.

조선 후기부터 일제강점기를 거쳐 오늘날에 이르는 오랜 세월 동안 비술나무들은 이 터에서 벌어진 숱한 변화와 사건을 겪었다. 터의 주인이 바뀌는 것을 지켜봤으며, 육이오전쟁의 가슴 아픈 순간들이나 제오공화국의 시작까지도 목격했을 것이다. 서울관이 들어선 이후에는 이곳이 2016년 박근혜 전 대통령의 퇴진을 요구하는 촛불 집회의 청와대 앞 마지막 집결지였다는 점에서 굴곡진 한국 근현대사의 산증인이나 다름없다.

이 나무들은 미술관의 배치와 계획에 큰 영향을 끼쳤고,

국군서울지구병원 건물이 있던 시절,
응급실로 올라가는 길에 서 있는 비술나무. 2010.

서울관 교육동 입구가 된 자리에
이백 년 넘는 세월을 견디며 여전히 서 있는 비술나무 세 그루.

공모전 단계에서부터 중요하게 다루어졌다. 미술관의 전면부와 교육동 앞에 마당을 만들되 비술나무를 돋보이게 하기 위해 다른 나무들은 정리하고 억새 같은 초화류 중심으로 식재했다. 서울관 건축은 직각이 강해 이를 보완하는 요소로서 거대한 비술나무는 중요했다. 지금은 '열린마당'이 된 교육동 앞마당을 우리는 '비술나무마당'이라 불렀다. 이 자리는 계단박스와 교육동의 워크숍갤러리, 전시동 지하 1층의 프로젝트갤러리(현재의 7전시실)이 면하고 있어 작가 지망생들이나 미술 애호가들에게 친숙한 마당이 될 듯했다. 워크숍갤러리가 조성하는 예술적 분위기와 연결되어 젊고 활기찬 공간이 되길 희망했다.

기초 공사가 시작되자 옛 기무사 본관과 종친부, 그리고 비술나무를 제외한 땅에 지하 터파기가 먼저 진행되었다. 나무는 터파기 공사 내내 기울어진 채로 먼지를 뒤집어써야 했다. 2011년 봄이 되어 근처 대부분의 나무들이 점점 녹색이 짙어져 가도 비술나무에는 잎이 나올 기미조차 보이지 않았다. 봄이 깊어 갈 때도 비술나무는 아직 겨울이었다. 혹 죽은 것은 아닐까 노심초사하며 자료를 뒤적거렸는데 다행히 비술나무는 원래 잎을 늦게 틔운다고 했다. 어려운 시기를 잘 버티고, 다른 나무들이 다 녹색으로 변한 이후에야 잎을 보여주기 시작했다. 비술나무를 고려해 주변의 나무들과 건물들을 정리했기 때문에 이전보다 훨씬 더 존재감을 갖게 되었다. 교육동 전면의 테라코타 벽에 비술나무 그림자가 드리워지고, 2층 비술나무홀의 거대한 창이 한 폭의 동양화 같은 풍경을 그려낸다. 지금은 초지들이 사라지고 계획에 없던 식재들로 비술나무와 옛 기무사 본관 주변이 채워져 혼란스럽지만, 여전히 비술나무가 오랫동안 수호하고 있는 마을 어귀 같은 인상을 준다. 그리고 그 마을은 창작의 마을이다.

질료와 형상

경복궁 옆 종친부 터에 '전통적이지 않은 건축물'을 만드는 것은 모험이었다. 어떤 건축물이어야 할지에 대해, 남을 설득시키기도 어렵지만 스스로 확신하기도 어려웠다. 미래지향적인 현대 미술관의 형상을 전통적 형태에 기댈 수만은 없어서, 전통적이지만 다른 한편으로는 그와 대비되는 건물이기를 원했다. 문제는 대비적인 형상을 '어떻게 조화시킬 것인가'였다. 이 문제를 해결하기 위한 첫번째 전략은 건축물의 규모, 곧 스케일에 있었다. 북촌의 작은 스케일이 소외되지 않도록 하면서 경복궁과 옛 기무사 본관 등 거대 스케일과의 조화를 고민해 매스의 비례를 만들었다. 길이, 폭, 높이의 치수들은 전통건축의 스케일에서 크게 벗어나지 않도록 했다.

이와 관련해 떠올린 것은 안동 병산서원의 만대루(晩對樓)였다. 전통적이지만 동시에 현대적인 이 누각은 긴 장방형의 비례, 기와로 쌓은 거칠고 무거운 지붕, 그리고 이를 지지하는 가는 나무 기둥이 만들어내는 긴장감이 단순하면서도 세련되었다. 기둥, 처마, 기와 등 형상이 먼저 보이지만 이 형상들을 해체하면 볼륨과 면의 비례가 드러난다. 이를 추상화하여 건축에 적용할 수 있는 가능성이 보였다. 만대루는 도서관마당의 스케일에 영향을 준 사례이나 전반적인 서울관 외장의 기본적인 원칙을 만드는 데도 참고할 수 있었다. 1층을 투명한 저철분 유리로 구성하고, 그 이상의 높이에는 거칠고 무거운 물성의 재료를 사용해 투명한 공간 위에 떠 있어 보이도록 했다. 이렇게 하니 한옥 지붕 같은 적절한 무게감이 느껴졌다. 2층은 창이 외부로 노출되지 않도록 평면을 구성하여 외관에서 보자면 개방적인 1층과 대비되는 상부의 느낌을 만들었다.

다음으로 옛 기무사 본관과 종친부를 중재할 제삼의 재료를 고심했다. 옛 기무사 본관의 붉은 벽돌은 경성의학전문학교 부속의원 시절의 외장을 복원한 것으로, 백 년 전 일제강점기의 재료라는 데 역사성과 상징성이 있으며, 종친부는 일제강점기에 훼손된 이 부지에서 유일하게 남아 있는 조선시대 건물이라는 점에서 서울관의 중요한 정체성이었다. 먼저, 서양 건축에 비해

도서관마당의 스케일에 영향을 준 병산서원 만대루.

서울관 계획에서 가장 먼저 크기와 비례를 가늠했던 도서관마당의 전경.
이를 기준으로 다른 외부 공간들을 상상할 수 있었다.

준공을 앞두고 미술관마당에서 바라본 서울관 전경. 2013.

종묘의 쓸쓸한 장엄미는 물성에도 있다.
눈을 감아도 촉감으로 기억되는 그 물성을 서울관의 외관에 담고자 했다.

햇빛을 받은 교육동의 테라코타 타일 외벽.(pp.136-137)

한국 전통건축에서 눈에 띄는 지붕, 특히 기와에 집중했다. 그리고 촉각적으로 유사한 재료를 선택함으로써 물성을 부각하는 방식을 택했다. 붉은 벽돌과 기와는 눈으로 봐서는 확연히 다르지만 둘 다 흙을 소성(燒成)해 만드는 재료다. 눈을 감고 기와를 만져 보고 두드려 보면 그 느낌이 벽돌의 그것과 크게 다르지 않으며, 시간의 경과에 따라 벗겨지고 풍화되어도 자연스럽다. 흙을 소성한 또 다른 건축 재료로 찾은 것은 테라코타였다. 특히 색상이 백색에 가까운 고령토를 사용한 테라코타가 눈에 들어왔다. 흙을 소성해 만든다는 점에서 테라코타는 기와나 벽돌과 유사한 재료이나, 기와나 벽돌보다 높은 온도로 소성되어 강도가 더 높다는 장점이 있다. 기와가 낮은 온도에서 구워지고 탄소가 들어가 검은색을 띤다면, 벽돌은 철을 많이 함유한 흙을 사용해 붉은색을 띤다. 이에 반해 고령토로 만든 테라코타 타일은 어두웠던 터의 역사를 반전시킬 수 있는 따뜻하고 밝은 분위기를 지녔다. 이를 경험하는 방문객들도 비슷한 감성을 느낄 것이라고 생각했다. 흙에 기초한 재료는 차가운 느낌의 철이나 콘크리트, 딱딱한 느낌의 돌과는 확연히 다르다. 흙을 주재료로 한 서울관과 주변의 유적이 함께 자연스럽게 세월을 품어 가기를 기대했다.

첫번째 재료인 테라코타 타일은 곡면형으로 제작했는데, 이 디테일은 문화재 심의 과정에서 사용 확정되었다. 일부 심의위원은 한옥 형태의 미술관을 설계할 것을 주장했는데, 그렇게 되면 지붕이 고도 제한을 넘기 때문에 실현하기 어려운 요구였다. 그 대신 한옥의 특징적인 감성을 살리겠다고 설득했다. 여기서 참고한 건축은 종묘였다. 쓸쓸하면서도 장엄하고 아름답게 서 있는 거대한 정전(正殿)의 수평적인 지붕은 전통적이면서 동시에 명확하고 단순한 구성이 현대적이다. 미술관의 외장에서 이러한 인상이 드러나도록 했다. 샘플 제작한 테라코타 타일은 빛의 각도에 따라 다른 깊이의 음영을 만드는 것이 매력적이었다. 우리는 경복궁과 어우러질 수 있는 서울관만의 재료를 만들기 위해 모험을 하기로 했다. 여러 대안을 두고 고민한 끝에 전통

설계 중 제작되어 현장에 샘플 시공된 15밀리미터 깊이의 외장용 곡면 테라코타 타일. 2011. 3.

십분의 일 스케일의 테라코타 타일 외벽 모형. 한옥의 기둥과 지붕의 관계에서 구상한 1층 커튼월과 상부 테라코타 타일의 조합이다. 2011. 2.

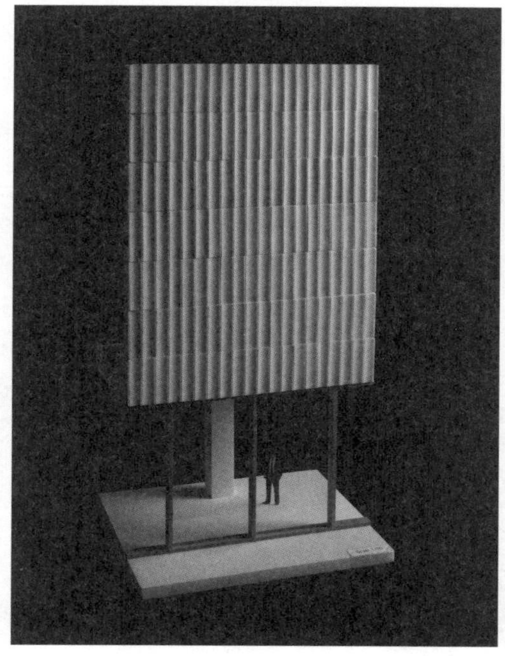

교육동 디지털도서관의 외벽.
기와의 물성과 색상을 재현한 몽고흙 화강석으로 마감했다.

테라코타 타일과의 조화를 의도한 서울박스 외피 곡면 유리의 디테일.

기와의 곡면을 모티프로 디자인하고 일련의 실험을 거쳐 암키와 형태로 결정했다. 곡면의 타일은 광택이 없지만 햇빛을 받으면 음영이 생겨 윤이 나는 것처럼 보인다. 기와의 곡률이 달라지며 빛을 다른 각도로 반사하기 때문이다. 그로써 미술관도 형상은 단순하지만 음영에 따라 변해 가는 흥미로운 외관을 형성할 수 있으리라 생각했다.

이 곡면형 테라코타 타일은 서울관을 위해 특별히 디자인되었고 독일의 다국적 기업이 제작을 맡았다. 디자인 과정에서 곡면 깊이의 변화가 있었는데, 초기에는 암키와처럼 곡률이 25밀리미터 정도였으나 샘플은 15밀리미터였다. 첫번째 샘플은 옛 기무사 본관 오른쪽 장소에 설치해 재료가 가진 느낌을 살펴보았다. 아침부터 저녁까지 하루 종일 바라보고 사진도 찍었는데, 이 과정에는 이우환 선생이 함께했다. 나는 곡면의 음영이 부족하다고 느꼈으나 선생은 재료와 색상은 좋은데 해가 없는 날에도 곡면이 너무 강하게 보인다는 반대 의견을 주었다. 선생은 5밀리미터 깊이를, 나는 10밀리미터 깊이를 주장했고, 최종적으로는 그 중간인 7.5밀리미터 깊이로 결정되었다. 10밀리미터 깊이에서는 날씨와 상관없이 곡면이 보이지만 5밀리미터 깊이에서는 햇빛을 받으면 곡면이 보이고 해가 없으면 색상의 차이만 느껴진다. 옛날 벽돌은 기름보일러에서 균일하지 않게 구워지기 때문에 자연스럽게 색이 혼합되는 반면, 요즘에는 벽돌이나 테라코타 모두 증기에 의해 모든 부분이 일정하게 구워진다. 다행히 우리가 사용한 테라코타는 순수한 흙을 사용하기에 하나의 색상을 정해도 두 가지 톤이 나온다고 했다. 오래된 기와처럼 벽면의 색상이 자연스럽고 불규칙하게 보이도록 하기 위해 의도적으로 두 가지 색을 선정했고, 결과적으로 네 가지 톤의 테라코타 패널을 조합했다. 조금씩 다른 색상과 톤으로 무작위 배열된 암키와 모양의 테라코타는 예상대로 햇빛에 따라 다양한 음영을 만들며 반짝거렸고, 해가 진 뒤나 흐린 날에는 음영이 사라지고 네 가지 색상이 강조되었다.

두번째 재료로는 몽고흙으로 만든 화강석이 있다. 교육동의 디지털도서관과 전시박스 외장에 사용된 이 돌은, 다른 보편적인 외장재에 비해 강도가 떨어지고 철분이 함유되어 변색될 우려가 있기 때문에 일반적인 건물에는 적절하지 않은 재료이다. 서울관에서는 이러한 불안정한 특성을 활용하되 표면을 적절히 거칠게 해서 기와의 색상과 느낌을 최대한 끌어냈다. 마치 기와가 그렇듯 색이 변해도 어울리는 디테일을 만든 것이다.

세번째 재료는 서울박스의 반투명 유리이다. 이는 빛이 확산되어 투과되는 특징이 있다. 서울박스 내부로 흐린 날과 같은 그림자 없는 빛을 넣기 위해 이를 두 겹으로 사용하고 외피는 곡면으로 제작해 테라코타 타일과 통일성을 부여했다. 그 크기는 테라코타보다 더 크게 만들었는데, 반투명하여 빛의 효과는 줄어들어 곡면이 커도 상대적으로 눈에 띄지 않는다. 서울박스의 곡면 유리도 아침과 저녁으로 부드러운 음영이 표현되었다. 게다가 이 유리는 먼지나 물의 오염이 적고 겉과 속이 같은 재료라, 오랜 세월이 지나도 금방 더러워지지 않고 천천히 나이들 수 있을 것이다.

테라코타와 몽고흙 화강석은 코팅된 금속이나 페인트 같은 재료와 다르게 코팅되어 있지 않기 때문에 벗겨지거나 부식되지 않는다. 본래의 성질이 깎이고 풍화되어도 달라지지 않는 재료이다. 시간이 충분히 흐르면 재료 사이에 또 다른 느낌이 생겨날 테고, 미술관의 외관은 이 터에서 그윽하게 익어 갈 것이다. 나무들도 더 자라고, 사람들의 역사도 쌓일 것이다.

4
열린 미술관:
보물창고에서 공원으로

현대미술의 과제는 순수미술의 품격을
잃지 않으면서 대중적으로 확장하는 것이다.
—피터 젠킨슨(Peter Jenkinson)[25]

담장과 공중보행로

'열린 미술관'은 미술의 지평을 넓혀 미술 애호가뿐 아니라 일반 대중들도 미술에 관심을 두게 하기 위한 공간적인 장치이자 동시대 미술을 위한 변화된 형식이다. 2013년 봄에는 주요 공사가 완료되어 공사 가림막이 걷히고 외부에 미술관의 모습이 드러나기 시작했다. 북쪽 북촌로5길 건너 카페에서 바라본 서울관은 마당과 함께 군부대의 높은 담장으로 막혀 있던 삼청동의 분위기를 반전시켰다. 동쪽 종친부 뒤편 율곡로1길의 낙후된 분위기는 당장이라도 활력을 찾을 것만 같았다.

기무사와 국군서울지구병원이 자리했던 시기에는 북쪽과 동쪽에 기와가 얹힌 약 3미터 높이의 담장이 터를 두르고 있었다. 삼청동과 북촌 주변의 전통적인 가로들은 상업적으로 활성화되면서 생기를 찾아간 반면, 이곳은 일반인의 출입이 제한되어 잠깐 쳐다보기도 거북스러웠다. 아트선재센터 쪽에는 길이 10미터 정도의 사괴석을 수평으로 쌓은 온전한 조선시대 담장도 남아 있었지만, 대부분은 일제강점기에 사괴석을 마름모 모양으로 쌓은 담장이었다. 담장 하부를 보다 자세히 조사해 보니 기단은 조선시대의 것으로, 종친부의 경계였으리라 추정되었다. 문화재청(현재의 국가유산청)은 마름모형 담장도 일제강점기에 조선시대 담장이 있던 자리에다 다시 쌓은 것이라 보았다. 종친부 뒤쪽에는 콘크리트 담장도 있었다. 삼청로와 북촌로5길 쪽은 종친부의 경계를 비교적 명확하게 알 수 있었지만 나머지 두 곳에서는 명확하지 않았다. 문화재청과 합의한 바는 조선시대의 담장과 기단은 보존하고, 대다수를 차지하는 일제강점기의

아트선재센터 방향에서 본 국군서울지구병원 담장. 2009. 12.(위)
북촌로5길에서 본 철거, 복원되기 전 담장의 모습. 2010. 4.(아래)

마름모형 담장은 철거해 열린 미술관을 만드는 것이었다.

그러나 종친부 이전복원이 결정되자 종친부 담장을 모두 복원해야 한다는 민원이 문화재청에 제기되었다. 완강하게 닫힌 모양새의 담장을 복원해야 한다는 주장이었다. 우리는 통행에 방해가 되지 않는 일부만 복원 가능하다고 보았고, 문화재청은 약 1.5미터 정도의 낮은 담장을 전통 방식으로 쌓는 중재안을 제시했다. 이 안대로 담장 일부를 종친부 뒤에 쌓았으나 비례가 조악하고 진정성이 떨어져 보여 곧 철거되었다. 이는 완성을 앞둔 서울관을 위해 어떤 선택이 최선일지를 모두에게 보여준 한 가지 사례였다. 북쪽인 북촌로5길변 담장도 문제가 복잡했는데 아트선재센터에 가까운 쪽은 남아 있는 조선시대의 흔적을 바탕으로 그대로 복원되었고, 교육동 도서관 쪽 지면에는 기단의 흔적만이 보존되었다. 경사가 있는 삼청로 근처는 조선시대

기단이 하부에서 지상까지 올라온 부분을 살려 낮은 담장 형태로 남게 되었는데, 부분적인 파편과 흔적만 보존하여 종친부의 경계와 모습을 상상하도록 한 것이다. 기단 위에는 아무것도 두지 않아서 이를 둘러싼 철거와 복원 논쟁들은 끝나지 않고 있다.

서울관에서 담장은 이미 기능적으로 필요하지 않았고, 더욱이 군사 정부 시절 압제의 담장으로 각인되어 이 시점에서 종친부 담장으로 인식을 회복하기란 쉽지 않을 터였다. 지구단위계획 지침상으로도 도시적 맥락을 강조한 가로(街路) 중심의 열린 건물이 권장되었다. 건축이나 도시계획에서 담장의 설치를 이토록 재고하는 것은, 보행자가 많은 살기 좋고 안전한 도시를 만들기 위해 건축물은 가로와 가능한 한 많은 교류를 해야 하기 때문이다. 나는 시민의 안전은 시시티브이(CCTV)보다 활보하는 보행자의 존재에 더 많은 가능성이 있다고 믿는다. 살기 좋은 도시는 활발한 보행자의 표정에서 나온다. 보행자가 많고 밝고 개방된 공간에서는 범죄가 일어나기 어렵다. 도시에 부가 쌓이고 도시 조직이 아무리 근사해도 사람들의 표정이 어둡고 걸음걸이가 활기차지 않다면 행복한 도시가 될 수 없다. 따라서 온전히 종친부로 복원되는 것이 아닌 상황에서 돌담길은 해법이 아니었다.

서울관 대지 주변은 가로막힌 골목들로 통행량이 적고 음산한 분위기가 조성되어 있었다. 이 길들을 연결시키는 것이 그 해결 방안이었다. 북촌 일대는 보행자와 골목의 인프라가 잘 보존된 사례였다. 과거의 골목길을 기억하는 세대와 골목길을 경험하지 못해 새롭게 느끼는 세대 모두에게 골목길의 재생은 문화적으로서도 가치가 있었다. 북촌과 삼청동에 보행자가 많아지기 위해서는 골목들이 막다른 길 없이 연결되고, 또한 그 길이 연장되어 서울관 대지를 관통해야 했다.

이에 따라 미술관 터에 얽힌 법규 중 공중보행로의 설치 의무는 가장 긍정적인 것이었다. 지구단위계획에 따르면, 전체 대지를 대각선으로 가로지르는 6미터 폭의 보행로를 설치해야 했다. 이 규정은 서울관이 열린 미술관이 되는 데 가장 중요한 역할을 했다. 이에 따라 보행자들은 이십사 시간 어느 방향에서든지 이 대지의 중앙을 관통할 수 있다. 건축물이 사적 재산이 아니라 공적 재산이 되는 것이다. 제인 제이콥스의 말을 빌리자면, 공중보행로가 미술관 땅을 사적이고 닫힌 슈퍼블록이 아니라 도시적이고 열린 짧은 블록으로 만들고 보행로로 연결해 주는 것이다.[26] 건축물이 개방적으로 사용되기 위해서는 운영자의 의지와 물리적 환경이 이에 적절하게 구성되어야 한다. 특히 물리적 환경을 결정하는 법과 조례의 방향은 중요한 나침반이었다. 이 터는 법과 규제에 따라 열린 시설이 들어갈 수밖에 없는 상황이었고, 미술관이라는 용도는 이러한 상황에 적합했다. 이 공중보행로의 도시적 목표는 대지를 관통함으로써 슈퍼블록을 분절하는 것이지만, 미술관의 목표는 사람들이 목적에 상관없이 일단 미술관 안으로 들어오게 하는 데 있다. 공중보행로는 북촌의 골목길, 미술관마당, 그리고 비술나무마당과 이어진 보행의 척추이다. 한쪽은 삼청로변 비술나무 앞이고 다른 끝은 종친부 옥첩당 옆 율곡로1길과 연결된다. 보행자들을 자연스럽게 미술관으로 끌어들이면서 대지 내에 공적인 길을 생성하고, 자연스럽게 대지 내 시설들이 가로에 면한 것처럼 만들어 주는 것이다. 이로써 경복궁과 북촌 등의 방문객들은 쉽게 미술관을 발견하게 되고, 건축공간의 느슨한 배열에 의해 유입되어 예술을 즐기게 되는 장치를 만들고 싶었다. 미술관이 닫혀 있는 시간에도 시민들은 자유롭게 건물을 가로질러 원하는 장소로 가고, 이럴 때 미술관의 공중보행로는 온전한 골목길이 된다. 그렇게 미술관은 우리들의 삶에 스며든다.

공중보행로 초기 계획의 기본적인 선은 국군기무사령부 특별계획구역 세부개발계획을 참조했다. 여기서는 전체 대지를 대각선으로 가로지르는 공중보행로를 통해 동쪽 골목길을 연장하고, 북쪽 한옥 지역의 도로 시설을 인접시키도록 권장하고 있다. 우리는 이 선을 두 가지 디자인으로 적용했다. 하나는 조경

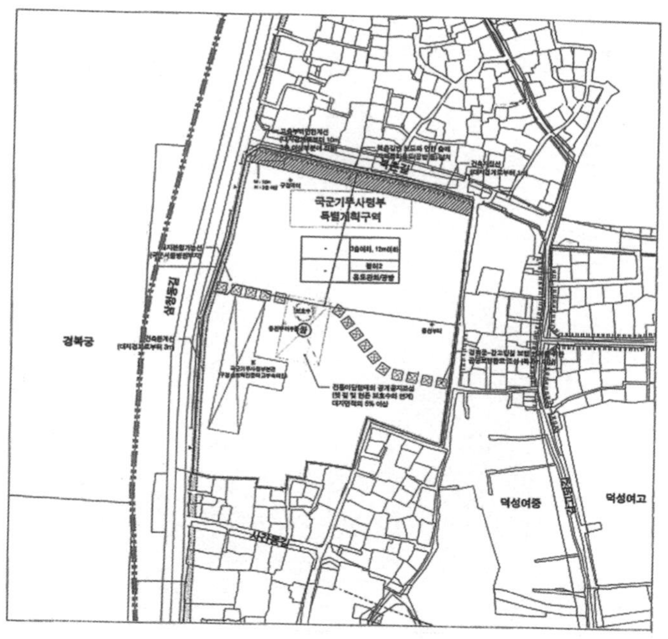

국군기무사령부 특별계획구역 세부개발계획. 2011.

팀인 동심원조경에서 제안한 종친부 경근당과 옥첩당 주변의 곡선형 길이고, 다른 하나는 우리가 제안한 교육동을 관통하는 직선형 경사로이다. 종친부 쪽 공중보행로는 흙길과 징검다리식 돌길이 공존한다. 이 산책로에서 종친부와 미술관은 대각선에 가까운 곡선으로 보인다. 이 길을 경계로 종친부 쪽은 마사토로 마감하고 경복궁 방향에는 잔디를 심었다. 그 경계의 돌길은 보행자에게 일정한 리듬을 준다. 대각선으로 가로지르거나 징검다리식의 보행 리듬은 전통건축에서는 낯선 것이다. 〈종친부〉를 보면 방문객은 솟을대문과 내삼문의 축의 중심에서 진입하게 되지만, 공중보행로를 따라가면 측면에서 진입하며 우각진입(隅角進入)[27]처럼 종친부 처마 모서리를 먼저 보게 된다. 우각진입이 동아시아 건축에서 법당의 신성함을 표현하는 방식이라는 관점도 있으나, 현판보다 처마 모서리가 먼저 보여 부처보다 건축이 부각되는 방식이라고 보았다. 우리 전통건축은

교육동을 관통해 종친부로 이어지는 완만한 경사의 공중보행로.
'보이어 미술관'의 창을 백색의 구조체에 실현했다.

적절하게 치켜 올라간 지붕의 처마 모서리가 가장 매력적이기에 측면을 대표 이미지로 삼는 경우가 많다. 사찰에서의 진입과 그 의미는 다르더라도, 발걸음의 리듬에 변화를 줌으로써 전통건축을 새롭게 볼 수 있는 기회가 될 듯했다. 현재 종친부 앞 공중보행로는 전시의 일환으로 조성된 정원으로 재배치되었다.

종친부 앞 보행로는 평지지만 교육동 쪽은 완만한 기울기의 경사로로 만들었다. 시대마다 지층이 다르기에 공중보행로는 종친부의 지층에서 비술나무의 지층으로, 그리고 옛 기무사 본관의 지층으로 점차 내려온다. 경사로는 대지 내의 높이 차이를 극복하기 위한 해법이자 모든 이들의 쉬운 접근을 위한 장치이다. 더욱이 이 경사로는 십팔분의 일 기울기로 저항 없이 미끄러지듯 교육동의 건물 안으로 내려와 미술관 영역으로 들어오게 계획되었다. 그리고 공중보행로 백색 벽면에 가로세로 6미터의 창을 내어 미술관마당과 서울관 입구가 보이게 했다. 1차 공모전에서 전시실 안에 적용했다가 포기했던 '보이어 미술관'의 창을 적용한 것이었다. 공중보행로를 지나가는 사람은 이 창을 통해 미술의 세계에 호기심을 느끼게 될 것이다. 요제프 올브리히의 빈 분리파전시관 관람객이 다음 전시공간에 호기심을 느끼듯 말이다.

이 경사로에서는 천장 없이 하늘을 열어 주어 이곳이 공공의 영역임을 강조할 수 있도록 했다. 서울관 설계 당시 미국의 설치미술가 제임스 터렐(James Turrell)은 경근당 내부에 달걀 모양의 조명 작품을 설치하자는 흥미로운 제안을 했었다. 그는 1961년 라오스에서 의료 봉사원으로 활동하다 비행기 사고로 서울로 이송되어 국군수도병원으로 사용되던 옛 기무사 본관에 넉 달간 입원했다는 남다른 인연도 있던 터였다. 예루살렘의 이스라엘박물관(Israel Museum)에는 백색 구조물 사이에서 하늘의 변화를 감상할 수 있는 그의 작품 〈보는 공간(Space That Sees)〉(1992)이 설치되어 있는데, 서울관의 백색 공중보행로 구조체도 그러한 풍경을 감상할 수 있는 자리가 되면 어떨까

종친부 앞, 징검다리식 돌길과 흙길이 공존하는 공중보행로. 현재는 길의 패턴이 바뀌었고 종친부마당과 길의 경계는 낮은 기단으로 정리되었다.

종친부 쪽에서 내려다본 공중보행로. 끊어졌던 길과 길을 연결시키며, 누구든 미술관 영역으로 끌어들여 서울관이 열린 미술관이 되는 중요한 역할을 한다.

했다. 아쉽게도 이 제안은 실현되지 못했지만, 종친부 주변의 공중보행로, 벽과 천장을 백색으로 마감한 공간에 '빛의 마술사'인 터렐의 작품이 비쳐드는 모습을 상상하며, 경근당과 옥첩당이 단지 유물로만 머물지 않고 얼마든지 전시에 활용될 수 있음을 확인했다.

백색은 근대 미술관의 전시실인 화이트큐브를 상징하며, 중요한 이데올로기를 가진 색채이다. 브라이언 오 도허티(Brain O'Doherty)는 『하얀 입방체 안에서』[28]에서 백색에 관한 이야기를 한다. 그에 따르면, 모든 사물은 맥락 안에서 파악되는데 맥락과 단절된 백색의 공간에서는 사물들이 예술품이 된다. 그렇다면, 공중보행로를 백색으로 마감했을 때 그 안에서 바라본 경근당이 사각의 프레임에 갇혀 종친부의 일부라는 역사적 맥락보다 한옥의 순수한 미가 담긴 예술 작품으로 보일 듯했다. 이로써 백색의 공중보행로 구조체 입구는 하나의 거대한 창틀이 되었다. 이 안에서 종친부 경근당뿐 아니라 반대쪽 입구로 보이는 인왕산, 하늘 등 자연은 피사체가 되며, 일상의 풍경이 감상할 수 있는 새로운 예술품이 된다. 미술관에 걸어 들어오는 사람들을 위한 첫번째 작품인 셈이다. 피터 젠킨슨의 말처럼, 공중보행로는 소수가 즐기던 순수미술을 대중적으로 확장하는 장치가 되었다.

일상 속의 미술관

고도로 발달한 현대 산업사회에서 사람들은 반복되는 평범한 일상에서 끊임없이 벗어나려고 한다. 하지만 여행지에서 특별한 순간을 보내다가도 한편으로는 내가 떠나온 집과 평범했던 일상을 그리워한다. 프랑스의 사회학자 앙리 르페브르(Henri Lefebvre)는 이 일상이라는 보잘것없는 이미지를 현대성이라는 찬란한 이미지와 연결해 그 부조리를 설명하면서 일상의 가치를 다시 보게 만든다.[29] 서울관으로 인해 미술관에 대한 경험도 특별한 무엇이 아니라 일상적인 경험으로 확장되리라 예측했다.

우리가 기대한 바는, 서울관이 시민들의 일상을 승격시키고 문화적 수준을 높이는 역할을 해 주는 것이었다. 서울관이 생기기 전까지 한국을 대표하는 미술관은 풍광 좋은 청계산 속에 있는 과천관이었다. 과천관에 의해 미술관은 으레 경치가 좋은 곳에 있다는 선입견이 자리잡았고, 그 영향으로 전국의 지자체들도 공공 미술관 터를 구하기 어려운 도심이 아닌 교외로 고려했다. 물론 경치 좋은 교외에 있는 미술관이 갖는 장점도 있지만, 공공을 위한 미술관임에도 불구하고 접근성이 떨어진다는 단점은 명확하다. 가기 힘들다는 것은 사람들에게 미술관에 가는 행위가 특별하다고 생각하게 만든다. 수첩에 적고 기억해야 하는 연중행사가 되는 것이며, 일단 방문하면 미술관에서 제공하는 전부를 빠짐없이 경험하려고 한다. 건축의 설계도 한 번에 순차적으로 모든 것을 보여주는 환경에 맞추게 된다. 그러나 완벽하게 경험한다는 생각이 재방문을 어렵게 하고, 실제로도 그렇다.

예를 들어, 아이들이 처음 학교에 입학하면 일정 기간 일상을 보낼 공간이기에 첫날 모든 공간을 확인하지 않는다. 이것이 우리가 생각한 미술관, 우리의 삶 깊숙이 들어와 일상이 되는 미술관이다. 다른 목적으로 주변에 들렀다가 자투리 시간을 이용해서 미술 경험을 하는 것, 달력에 표시하며 손꼽아 기다리는 봄 소풍날처럼 방문하는 것이 아니라 삶의 일부가 되어 마트에 가듯, 헬스클럽에 가듯, 일상적으로 방문하는 환경을 그려 보았다. 일상을 강조하는 것의 핵심은 반복과 지속 가능성에 있다. 마트에서의 쇼핑은 다시 오지 않을 것처럼 하지 않는다. 이러한 가정과 전제는 미술관의 공간 구조를 실험하게 한다. 박물관처럼 명쾌한 배치보다 순서가 정해져 있지 않은 마을 같은 배치가 필요했다. 작품들을 한 번에 둘러보는 것이 아니라, 조금씩 여러 번 감상하면서 미술관의 구조에도 익숙해지고 내가 사는 동네처럼 애착이 형성되는 곳, 경험한 전시가 새로운 문화적 갈증을 충족시키는 곳을 목표로 했다.

이러한 목표가 가능했던 이유는 미술관 터가 서울 도심에 있었기 때문이다. 어디에 짓는가 하는 문제는 미술관 건축에서 가장 중요한 부분이다. 예를 들어 낙후된 구도심에 지어지는 미술관은 도시 활성화의 임무도 짊어진다. 이와 반대로 이미 활성화된 서울의 중심부인 서울관의 경우 예술 감상의 보편화와 일상화에 더욱 이바지해야 했다. 서울관에 자리한, 일상에서처럼 친숙한 공간들이 다양한 사람들이 서로 다른 생각으로 이곳을 찾게 하고, 다시 방문하도록 이끌 수 있었다. 다의적으로 공간의 용도를 담아냈을 때 더 많은 사람들의 경험이 가능해지는 것이다.

턱이 없는 미술관

흔히 뮤지엄의 기원을 학예의 신 무사(뮤즈)나 혹은 성당에서 찾기 때문에 초기 미술관의 전형들은 신전을 닮았다. 그 안에 있는 신의 자리를 미술관의 예술품이 대체한 것이다. 관람객들은 신의 세계에 진입하는 것처럼 예술의 세계에 진입한다. 그러나 이젠 미술계도 엘리트 의식을 반성하고 관람객들에게 다가가려 노력하고 있는 것처럼, 건축도 삶과 예술의 세계가 의도적으로 분리된 신전형 미술관의 접근을 여러 가지 방식으로 해체하고 대중적 확장을 위해 재구성하는 추세이다.

일반적으로 미술관은 예술의 영역으로 진입하는 시퀀스를 강조하게 되는데, 지난 세기 건축에서는 이 여정을 위해 강력한 축과 계단이 자주 쓰였다. 고전주의 미술관은 아니지만 산의 경사에 놓인 과천관은 성곽을 콘셉트로 지어졌는데, 미술의 세계로 진입하는 웅장한 계단은 신전형 미술관과 유사한 엄숙함이 있다. 사찰도 일주문, 상장문, 해탈문을 지나 어느 정도 올라가야 비로소 불계에 진입할 수 있다는 점에서 유사하다. 안도 다다오가 설계한 강원도 원주의 뮤지엄산도 축을 강조하고 있는데, 관람객은 광활한 하늘이 투영된 물을 건너 미술의 세계에 진입한다. 이같은 미술관과 그 건축적 형식은 장점이 많지만

국립현대미술관 과천관의 신전형 계단.

서울관의 대지에는 어울리지 않았다. 일상 속의 미술관은 곧 경계 없는 미술관이고, 삶과 생활공간에 자리해 의식하지 않아도 예술과 쉽게 친밀해지는, 반(反)신전형이 적절했다. 진입은 오히려 상업 건물에서 힌트를 얻었다. 지하철 2호선 을지로입구역에 내려 지상으로 올라가는 길을 무심히 찾다 보면 어느새 롯데백화점 본점에 들어와 있는 것처럼 저항 없이 진입하는 방법을 찾았다. 많은 사람이 방문할 수 있도록, 또 상징적인 의미를 담아 서울관에서는 바닥의 턱을 없앴다. 옛 기무사 본관 1층 높이는 서울관의 높이가 되고, 동시에 미술관마당의 높이가 된다. 오랜 역사를 가진 탓에 부지는 종친부 시절의 지층과 옛 기무사 본관의 지층, 비술나무의 지층, 도로의 높이 등 기준이 될 지층이 다 달랐고 공중보행로의 경사를 맞추기도 쉽지 않았다. 하지만 턱이 없는 미술관은 완만한 경사와 구릉으로 이 차이들을 극복해야 했다. 그 대지 경사의 문제가 조경의 이슈가 되면서 지면은 곡선과 구릉 중심으로 계획되었고, 직각의 건축과 대비를 이루며 서로를 보완하도록 했다.

열린 미술관 형식을 통한 대중적 확장도 중요하지만, 동시에 미술관의 품격도 잃지 않아야 했다. 오랫동안 미술관 건축의 정체성이던 신전형의 진입 시퀀스 없이 예술세계로 진입할

북촌로5길에서 연장되어 미술관의 남북 방향을 가로지르는 통로는
종친부마당으로 이어진다.

남북 방향의 통로에서 도서관마당 쪽을 바라본 모습.

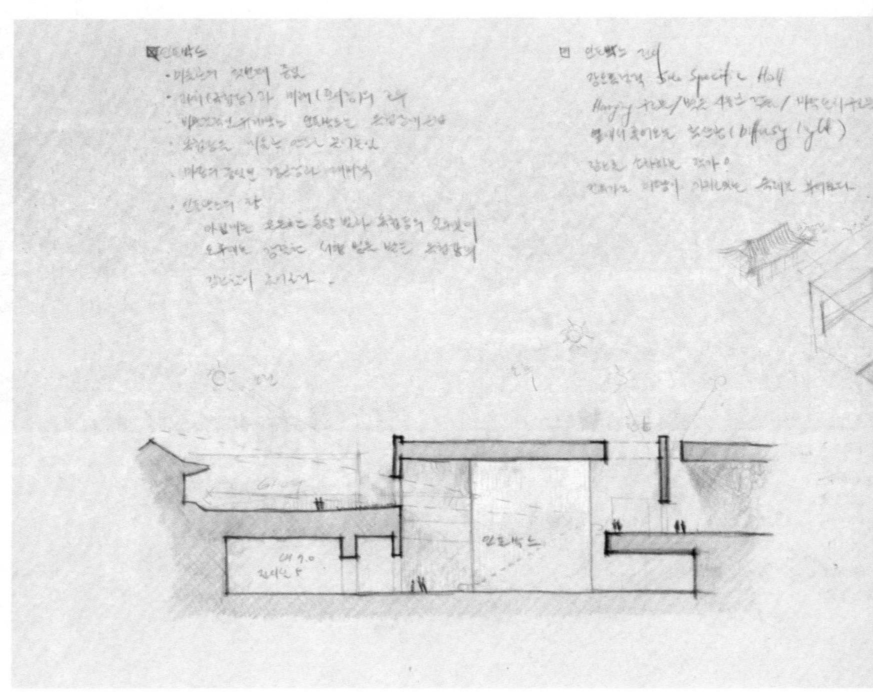

서울박스와 전시박스 단면계획 스케치.
주 이동 통로는 사회적 약자와 가족 단위 방문객을 고려해 수평적으로 계획하고,
동시에 입체적으로 단면의 공간감을 부여했다. 2011. 2.

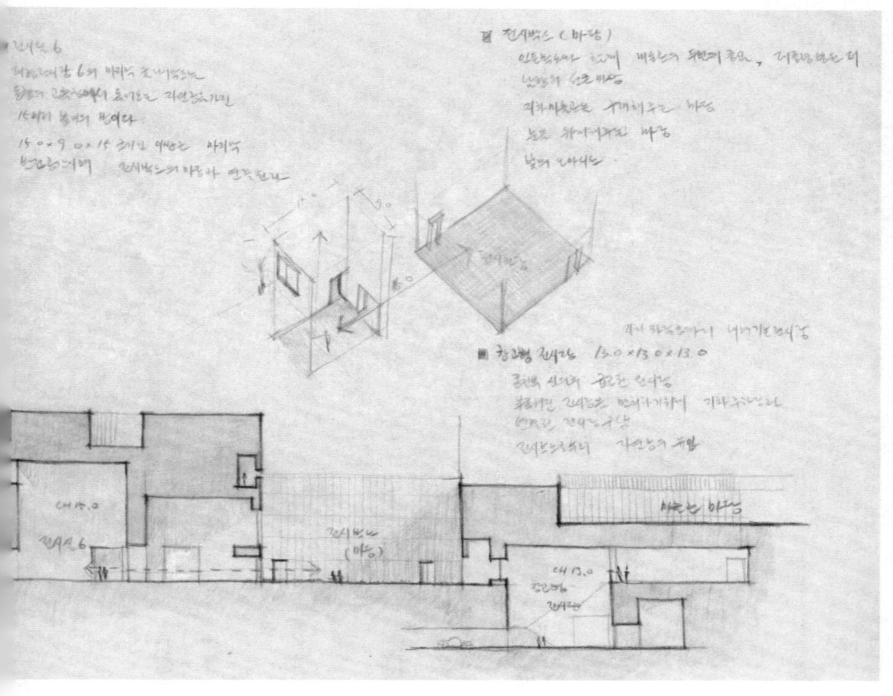
전시박스 (마당)
창고형 전시장 13.0×13.0×13.0

서울관은 바퀴와 보행이 동반되어도 불편함 없이 관람할 수 있게 설계되었다.

수 있도록 하기 위해, 그 시퀀스를 미술관 내부인 로비 공간에 만들었다. 이 수평 통로를 통하는 것은 예술의 세계, 곧 전시실로 가는 의식이다. 어두운 천장을 지나 천창의 빛이 있는 장방형 로비에 일단 들어오면 마당에서 상상한 내부보다 높고 깊어 외부와는 사뭇 다른 분위기를 접하게 된다. 상업 건물에서는 이런 장치는 불필요한 것으로, 미술관이기에 가능한 시퀀스이다. 이 통로를 지나면 서울박스 그리고 지하에 연결되는 거대 공간들이 순차적으로 기다린다. 지하에 이르면 예술의 세계에서 길을 잃듯이 작품들에 몰입하게 된다. 지상과 지하를 이 기다란 통로가 매개하는 것이다.

근대까지 건축물의 사용자는 평균 체형의 건강한 성인 남성이었다. 공간과 계단의 위치, 스위치의 위치 등은 모두 남성 관람객을 기준으로 만들어졌다. 르 코르뷔지에는 자기 나라의 평균보다 훨씬 키가 큰 186센티미터 성인 남성을 기준으로 건물을 설계했으며, 이십세기에는 건축물 대부분이 이런 기준으로 계획되었다. 하지만 다양성을 존중하는 포스트모던적인 사회 분위기가 건축에도 반영되고 있다. 따라서 장애인, 노약자, 임산부, 어린이가 계획의 중심으로 자리잡았다. 뒤셀도르프의 K20미술관에서 아기를 재우기 위해 한 손으로 유아차를 움직이며 작품에 몰입하는 젊은 부모의 열정적인 모습을 보기도 했는데, 무엇보다 사회적 약자와 바퀴, 두 가지를 염두에 두고 계단을 통하지 않고도 관람하는 데 지장이 없도록 했다. 특히 장애인과 비장애인이 계단과 경사로에서 헤어지는 일이 없도록 주요 동선을 계획했다. 모든 수평 연결 공간은 평지이며 주된 수직 이동은 에스컬레이터와 엘리베이터를 이용하도록 했는데, 기능적으로 고려해 보더라도 턱이나 계단은 미술 감상을 크게 방해하는 요소이기 때문이다. 이같은 측면에서 수평성을 강조한 턱이 없는 미술관을 추구하면서도 동시에 삼차원적인 공간감과 공간의 다양성을 잃지 않는 것이 과제였다. 예를 들어, 보통 건축설계에서 경사로는 두 개 층에 관계하지만, 계단에 비해 길이가 길고 평지처럼 각 층의 독자성을 부여하기 어렵기 때문에 그 설계와 활용이 애매하고 어렵다. 평지도 아닌 것이 경사도 약해 입체적으로 공간이 해결되지 않는다. 그러나 서울관에서는 공중보행로를 휠체어가 편안하게 내려올 수 있도록 십팔분의 일 기울기로 만들었다. 실제로 휠체어 사용자가 서울관의 장애인 편의시설에 대해 별 다섯 개를 매긴 기억이 있는데, 계획했던 대로 공간을 이용하는 모습을 보며 뿌듯한 마음을 숨길 수 없었다. 이 경사진 공중보행로는 전시동과 교육동의 내부 연결을 약화시키는 요인이 되기도 했지만, 관람객의 움직임이 중요한 서울관의 정체성으로 남았다.

외부 공간의 재조명

요즘 서울에는 유럽 못지않게 가로로 확장된 카페나 술집의 야외 테이블이 많아졌지만, 2000년대 이전에는 내부 공간과 외부 공간의 경계가 의자 하나 내놓지 못할 정도로 명확했다. 잠금장치 없이 밖에 내놓은 시설은 다음 날 아침까지 무사하지 못할 것이라는 인식이 팽배했고, 실제로 분실되는 사고도 흔했다. 이러한 변화를 보면 가로를 향해 열리는 시설의 유무는 날씨 등 물리적 환경의 문제라기보다는 안전 혹은 시민의식 같은 사회적이고 문화적인 문제에 달려 있다.

외부 공간에 대한 고민을 시작한 계기는 2002년 한일월드컵 응원을 보면서부터였다. 광화문, 서울광장 등에서 아무런 사고 없이 인파들이 모였다 흩어지는 풍경이 경이로웠다. 당시 나는 샌프란시스코에서 실무를 하고 있었는데, 건축물 내부 공간뿐만 아니라 외부 공간도 엄격한 계획과 통제 아래 관리하는 미국에서는 있을 수 없는 일이었다. 이때의 광경에서 우리나라 시민의식에 기댄, 경계가 느슨한 건축의 가능성을 떠올렸다.

어느 평범한 동네 근린생활시설에는 자전거 가게와 호프집이 이웃하고 있는데, 외부 공간을 낮에는 자전거 가게가 사용하고 해가 지면 호프집의 손님들이 차지하면서 공생 관계를 이루고 있었다. 법적 문제를 넘어 슬기롭게 공간과 시간을 나누어 활용하는 것에서 가변적인 외부 공간 작동법의 가능성을 보았다.

외부 공간을 어떻게 설계하면 하나의 용도로 고정되지 않고 사용자들의 참여와 소통을 유발할 수 있을까. 기능이 비교적 명확한 건축물과는 다르게 마당은 용도가 규정되지 않는다. 그렇기에 마당은 다양한 기능을 받아들이면서 주변 환경의 변화에 적응해 갈 수 있다. 비워 두면 관조의 공간이, 결혼식을 하면 예식장이, 파티를 열면 연회장이, 꽃을 심으면 정원이 된다. 사용하지 않고 비어 있는 마당도 매력적이다. 빈 공간은 오랫동안 건축의 철학적 주제였다. 하늘이 열린 마당은 날씨와 계절에 따라 시시각각 변한다. 푸르른 여름, 하얗게 눈 덮인 겨울, 햇살이 비추는 날과 비가 흩날리는 날, 빈 공간은 날마다 색다른 느낌으로 다가올 것이다.

서울관에서 비어 있는 외부 마당과 건축물과의 관계는 우리에게 중요한 주제가 되었다. 마당이 가장 전면에 드러나도록 하기 위해 서울관 간판도 간신히 식별 가능할 한 뼘 높이로 제작해 존재감을 줄였다. 이 마당들은 이사 간 새집처럼 무엇인가 부족한 듯한 긴장감을 부여하는데, 이 긴장감이 참신한 작품들을 불러 모을 것이었다. 한편으로 이 마당들은 주변과 하늘을 향해 열려 있어 관람객들이 유연하게 행동할 수 있는 개방형 전시실이 되어 줄 것이었다. 도시 대부분을 차지하는 상업공간은 과도하게 무엇인가로 채워져 있다. 투자한 만큼의 이윤을 내야 하기 때문이다. 이에 반해 서울관 마당은 공공 건축물이 아니라면 만들어낼 수 없는, 상업적 논리에 종속되지 않고 중립적이며 비어 있는 도시의 오아시스이다.

민주적인 절차가 중요하고, 또 의견의 다양성이 존중되는 지금의 한국 사회에서 하나의 용도만을 가진 거대한 건축물은 환영받지 못하며 때로는 갈등을 일으킨다. 반면 정해진 사용자나 기능이 없는 마당은 누구에게나 환영받는다. 서울관을 떠올리면

마당이 먼저 그려진다. 마당을 그리고 나면 나머지 공간이 미술관이 되는 식이다. 터의 가장 좋은 곳은 비워 두고 건물은 좋지 않은 곳과 지하에 들어간다. 이 터에 사회적 합일을 가능하게 한 것은 여러 가능성을 잉태한 미술관 마당들의 비어 있는 힘이다.

공원 같은 건축

서울관 설계의 주축인 건축사사무소 엠피아트의 이상향은 '공원(park)'이다. 우리는 '공원 같은 건축'을 지향한다고 스스로를 소개한다. 한국은 건축 분야와 조경 분야가 거의 분리되어 있는 편이지만, 미국은 교육과 실무 모두에서 환경디자인 내에서 도시, 건축 및 조경을 같이 다룬다. 나는 그중 공원에 더 매력을 느꼈다. 유학에서 돌아와 했던 초기 작업들도 건축보다는 조경에 가까운, 행정중심복합도시(현재의 세종시)의 중앙녹지공간 계획안(2007)이나 수변도시 계획안(2009) 등이었다. 특히 공원에는 건축의 이용자를 통제하는 사회적 한계를 해소시키는 자율적 영역이 있다.

공원의 역사는 그리 길지 않다. 흔히 유럽 귀족들이나 왕들이 사용하던, 일반인들의 출입이 금지된 정원(garden)은 고대 사회부터 많이 발견된다. 그러나 시민들을 위해 개방된 의미에서의 도시공원은 미술관과 그 역사가 비슷하다. 도시 고밀화가 일어나면서 없어진 녹지를 체감하고 이를 보존하기 위해 조성한 것이 그 시작으로, 초기에는 귀족들과 왕들이 독점하던 공간이 개방되었다. 이후 프레더릭 로 옴스테드(Frederick Law Olmsted)에 의해 뉴욕 센트럴파크(Central Park) 같은 낭만적인 공원이 조성되었는데, 도시와 공원을 이분법적으로 분리하고 근사한 바위와 목장의 초지 등 자연환경을 모방한 방식이었다. 2000년대에는 도시 담론이 발전하듯 도시공원에 대한 담론도 많이 발전했다. 베르나르 추미(Bernard Tschumi)가 계획한 파리 라빌레트공원(Parc de la

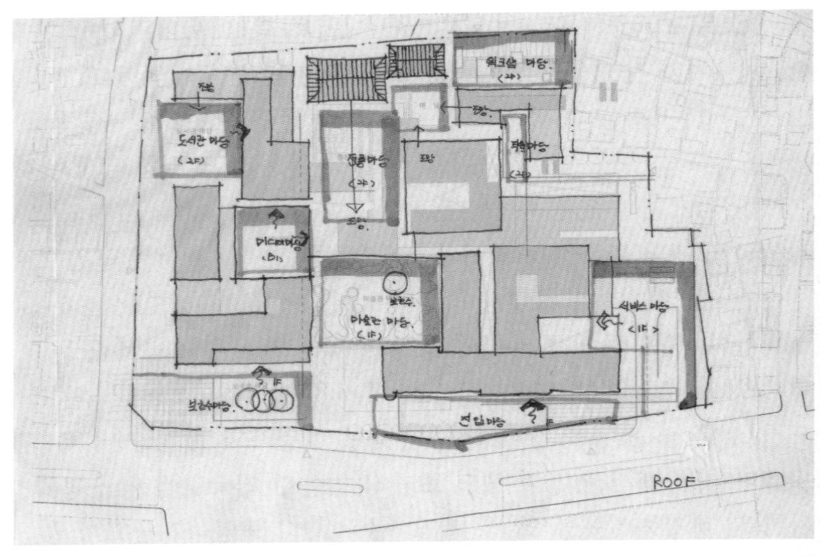

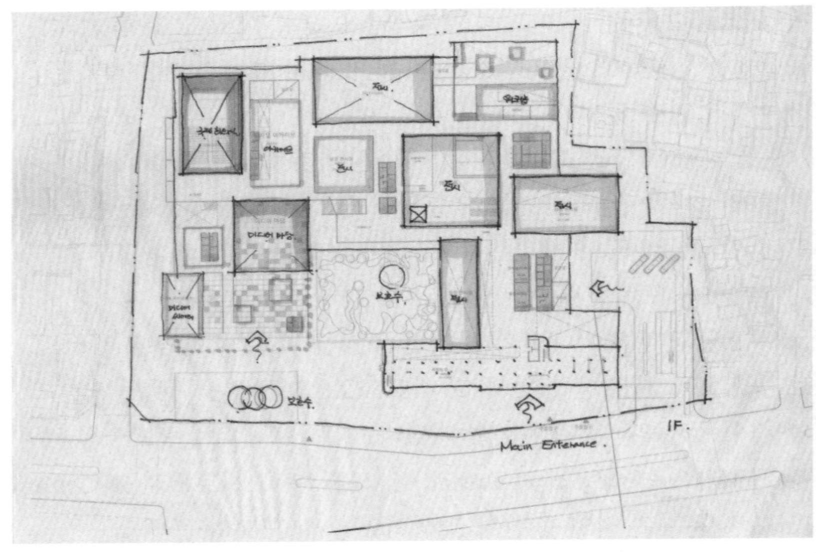

2차 공모전 때 구상한 마당의 배치 스케치(위)와 서울관 전시실 스케치(아래).
공공건축물로서, 서울 도심에 여유를 주는 마당의 존재가 가장 우선시되었다. 2010. 8.

Villette)이나 오엠에이(OMA)의 렘 콜하스와 디자이너 브루스 마우(Bruce Mau)가 나무 도시(Tree City)를 제안한 캐나다의 다운스뷰파크(Downsview Park)[30] 같은 새로운 패러다임의 공원이 그 사례이다. 나무가 산에 있으면 자연이지만 공원에 심었으면 인문이다. 이것을 '문화적 자연'이라 한다면 공원도 자연경관을 넘어 건축과 같이 복잡한 인간의 사회와 문화적 담론을 담게 된다. 센트럴파크처럼 완결되고 고립된 구조의 시대를 지나, 도시와 대화하고 도시 문화에 적극적으로 참여하는 모델로서의 공원으로 시선을 돌리면서 흥미로운 구상들이 생성된다. 고밀도인 건축과 대비된 저밀도의 공원은 도시적 삶의 일부로서 누구나 접근 가능하기에 친밀하며 탄력적으로 대응하는 도시시설이 된다.

보다 심층적으로 사회적인 관점에서 건축과 공원을 비교하면, 학교, 병원, 쇼핑센터 등 용도를 규정하는 건축의 경우 방문객의 분류와 배제가 존재한다. 현대 도시에서는 건축과 그 용도가 고도화될수록 다양한 기능을 편리하게 즐길 수 있고 삶은 윤택해지지만, 동시에 일반인이 접근하지 못하는 사적 영역도 늘어 간다. 건축의 기원을 성곽과 같은 방어 장치라 한다면, 현대 도시에서 이같은 물리적 역할은 없어졌지만 이들 사이에는 보이지 않는 사회적 성곽이 다시 쌓이고 있는 셈이다. 부동산에 기반한 건물의 용도나 게이티드 커뮤니티(gated community)라 불리는 아파트단지들은 이러한 현상을 더욱 가속화한다.

최근 인터넷의 가상공간이 발전함에 따라 소통은 초연결과 초융합의 시대에 진입하고 있다. 그러나 그 내면을 살펴보면, 대화와 소통의 상대를 쉽게 선택하고 배제할 수 있는 가상공간의 커뮤니케이션에서 편 가르기가 더욱 심화되고 있기도 하다. 또한 사회적 문제의 균형점을 보정하는 역할을 해야 하는 공공은 사회를 지탱하는 뼈대와 같다. 공원은 정해진 용도가 없기에 다양한 기능이 잠재되어 있으며, 성별, 나이, 사회적 혹은 경제적 지위로 사용자를 구분 짓지 않는다. 여러 사람들은 서로 다른 이유로 한 장소에 공존한다. 쉬는 사람, 운동하는 사람, 책을 읽는

종친부와 공중보행로 쪽에서 본 서울관의 후면부.
상업화되고 세분화된 도시공간을 이어 주는 '공원 같은 미술관'을 의도했다.

사람, 잠시 눈붙이는 사람, 각기의 목적을 가지고 모이는 공원은 가장 공평한 장소이다. 건축물은 세워지면서부터 민원과 시위의 대상이 되는 반면 공원은 시민들의 환영을 받는다. 물리적으로 보면 건축물은 완공되는 그 순간부터 낡아 가지만, 공원은 시간이 지날수록 성장하고 주변과 함께 무르익는다. 우리는 '공원 같은 건축'을 통해, 끊임없이 경계를 만들고 소통을 거부하는 현대 도시 건축에 의한 상처를 치유하고, 더 나아가 예방하고자 했다.

'공원 같은 건축'의 핵심은 녹지를 많이 조성하기보다 그것이 작동하는 방식을 건축에 적용해 보는 데 있다. 여기서의 공원은 낭만적인 경관이 아니라 사회적인 작동법을 가진 공간이다. 누구에게나 열린 공간, 가변적인 공간, 사용자가 정의하는 공간, 비움으로써 기능을 만드는 공간, 이런 공간들을 어떻게 만들 것인지 고민하고 그 속의 규칙성을 탐구함으로써, 공원에서 발견되는 사람들의 행태를 담아내는 건축이 필요하다. 공원 같은 건축의 궁극적인 목적은 평등과 상생의 도시를 만드는 것으로, 이는 계층화되고 나뉜 도시공간을 다시 이어 주는 가교 역할을 한다.

서울관은 우리의 이러한 방향성을 가장 잘 보여주는, '공원 같은 미술관'으로 계획되었다. 여기에는 미술 애호가는 물론이고, 전통건축을 즐기거나 아트숍에서 선물을 구매하고 주차장을 이용하는 이들, 혹은 그저 지나가는 주민들이 수시로 모이고 머무른다. 이러한 잦은 지나침을 통해 방문객들은 무의식적으로 미술관에 한 발 가까이 다가서게 된다. 이러한 공원의 성격은 미술관 내부에도 적용되어 서울관 곳곳에는 기능 없이 비워진 공간들을 볼 수 있다. 이는 무책임하게 비워 둔 것이 아니라 오히려 전망이 좋은 곳, 전시실 사이의 동선이 모이는 곳에 계획적으로 배치되어 미술관에서 일어나는 다양한 행위들을 유발하고 또 끌어안을 수 있도록 한 것이다.

5
관람객 중심형 미술관:
이동에서 집중으로

예술 작품의 아우라는 관객을 향해 이동했다.
—니콜라 부리오(Nicolas Bourriaud)[31]

미술관과 동선

작품은 관람객과 관계를 맺고 상호작용할 때 비로소 그 의미가 드러나며, 이는 관람객 참여의 중요성을 시사한다. 준공이 가까워질 무렵의 어느 날, 「관객의 동선이 없어요, 스스로 선택하도록 만들었지요」[32]라는 제목으로 일간지와의 첫 인터뷰 기사가 실렸다. 동시대 미술관으로서 서울관이 갖는 특징을 과감히 반영한 제목이다. 서울관에서 관람객은 주어진 관람 순서에 따라 수동적으로 움직이는 것이 아니라, 스스로 전시와 작품을 찾아다니고 참여하면서 자율적으로 동선을 만들어 간다.

프랑스혁명 이후 시민 사회를 위해 탄생된 루브르박물관은 건축적으로는 궁전의 갤러리 혹은 회랑과 같은 긴 장방형의 방이 연속되는 구조를 가졌다. 하지만 이전 시대 궁전과 달리 전국 각지에서 모인 다양한 작품들을 불특정 일반인에게 공개하기 위해서는 어떻게 전시하고 관리할 것인가 하는 두 가지 문제를 해결해야 했다. 루브르박물관은 연대기순으로 작품들을 배열해 관람객이 오래된 작품부터 감상하도록 하고, 동시에 일렬로 움직이게 통제함으로써 두 문제를 한 번에 해결했다. 과거의 것부터 나열해 마치 역사책처럼 '일직선으로 발전하는 이야기'를 보여주고자 한 것이다. 연대기순의 작품 전시와 선형의 관람 동선을 결합한 미술관이라는 용도는 이렇게 탄생했다. 이러한 미술관 유형은 당시 유럽에서 시작된 진화론적이고 진보적인 역사관이 건축에 반영된 것으로, 역사는 계속해서, 그리고 영원히 발전한다는 근대 계몽주의적 사고를 엿볼 수 있다.

계몽주의적 사고가 지금도 유효하듯 많은 미술관들이 이 구조를 유지하고 있다. 이는 8.5미터에서 9미터 폭의 공간을

위베르 로베르(Hubert Robert), 〈루브르 대회랑 보수 계획〉, 1796.
연대기순으로 작품을 배열하는 계몽주의적 사고가 반영되어 있다.

구성하고 벽면에 회화 작품을 걸어 감상하도록 하는 일반적인 전시실 모듈을 의미한다. 근대건축은 그리스나 로마에서 사용했던 기둥과 지붕 구조를 응용하여 규범화한 오더(order) 중심의 고전 양식을 버리고, 기술의 발전과 다른 시각예술과의 교류를 통한 평면과 공간 중심의 새로운 담론이 형성되고 있었다. 특히 주목할 만한 것은 시간에 대한 개념의 변화다. 이는 1910년대 물리학에서 시작해 입체파나 미래파의 예술에까지 큰 영향을 끼쳤는데, 피카소의 그림이 하나의 평면에 여러 시간을 담은 것이듯이 주관적이고 경험적인 시간을 공간에 첨가해 새로운 예술 언어에 적용함으로써 그 범주를 확대할 수 있었다.[33] 예를 들어 모든 공간이 한눈에 들어오는 르네상스 건축의 투시도법은 정지된 시간이었다. 근대 건축가들이 해석한 '시간성'은 관찰자가 움직이면서 변화되는 공간에 있는 것이기 때문에 미술관은 이를 적용하기에 적절한 용도였다. 시간의 축을 첨가한 건축물로 확대된 이 시기의 미술관은 입체적인 자유를 실현하려는 건축가의 철학적인 프로젝트였다. 자유로운 형상의 건축은 뉴욕 구겐하임미술관이나 무한 성장 박물관 프로젝트로 대표되는 선형 동선을 풀어낸 전형에서 시작해 근대 미술관들의 이상이 되었다. 이렇듯 수동적 동선 중심의 근대 미술관들은 스스로 작품이 되기 시작한 것이다.

그러나 이러한 시간성은 여전히 연대기순에 머물러 있었다. 한 작품의 감상은 앞뒤에 놓인 작품의 감상과 연결되며, 관람객은 역사적 관점의 포로가 된다. 관람객이 기대하는 순수한 미적 감동의 가능성은 역사적 인류학적 사회학적 내용보다도 뒷전이 될 수밖에 없다. 즉 관람객에게 노출되고 제공되는 것은 작품 그 자체가 아닌 작품들 간의 시간적 관계이다. 선형 동선을 따르는 관람객들과 작품 간에는 교차점이 발생하지 않고, 두 객체가 일정 거리를 두고 평행선을 그리게 된다. 관람객이 자율적으로 작품에 온전히 집중하기 어렵고 작가 역시 작품에 대한 직관적인 반응을 기대할 수 없다. 이러한 한계는 참여와 소통을 중심으로 다양한 형식의 작품들이 전시되기 시작하면서 드러났다.

제임스 스털링이 1984년 현상공모에 당선되어 설계한 슈투트가르트미술관(Staatsgalerie Stuttgart)은 기존의 미술관에 신관을 증축하는 프로젝트였다. 평면을 보면, 뒤랑이 제시한 뮤지엄 유형과 싱켈의 알테스뮤지엄에서 보이는 로톤다의 전통을 계승하고 있으나, 지붕을 없애 이를 외부 공간으로 만들면서 경사진 대지 주변을 입체적으로 연결하는 광장이 되도록 했다. 진지하게 미술관 건축의 역사에 접근하면서도 가볍게 변형한 이 미술관은 지역의 도시적 문제를 해결하고 역사적 문제를 중요하게 다루는 소위 포스트모던 건축을 대표한다. 그러나 기능적인 면에서 보면, 근현대미술을 위해 새롭게 계획된 신관의 구조가 구관과 같이 전시실들이 목걸이처럼 앙필라드(enfilade)[34] 방식으로 병렬 연결된 점은 아쉬움이 있다. 고전미술을 시간순으로 보여주기에는 적절하나, 미디어를 넘나들고 공간이 중심이 되는 현대미술을 전시할 경우에 대한 대안은 제시하지 못하기 때문이다. 즉 건축은 새로운 이즘(ism)을 반영했으나 그 안의 전시공간은 미술의 변화를 담지 못했다.

쾰른의 콜룸바미술관은 2007년, 제이차세계대전 당시 폭격당했던 고딕 성당 유적 위에 지어진 가톨릭 미술관이다. 한

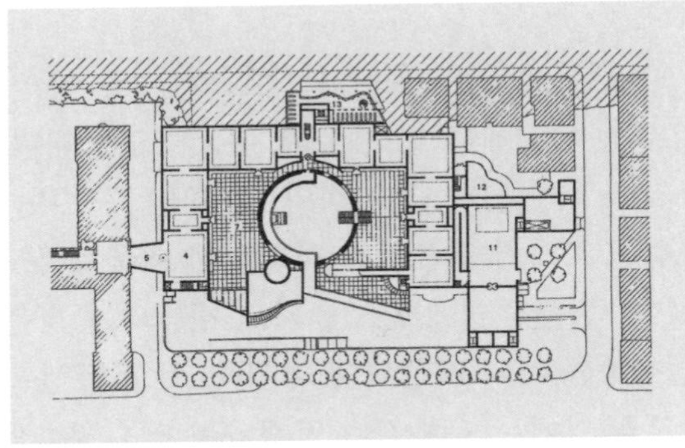

슈투트가르트미술관 신관 3층 평면도(위)와 전시실(아래).
건축 외관은 포스트모던적 흐름을 반영했으나, 그 내부는 고전주의 전시실의 구성을 유지한 채 한 줄로 늘어선 방 구조로 되어 있다.

지붕 아래 이천 년의 시간을 담고 있는 이 미술관은, 높은 건축적 완성도뿐만 아니라 초기 기독교시대부터 현재에 이르는 가톨릭 미술 소장품과 새로운 전시 방식을 특징으로 한다. 건축설계 공모전에서 기공/가이어(Gigon/Guyer)는 계획안에서 전통적인 박물관의 구획대로 연속된 방을 만들었다. 반면, 최종 당선된 페터 춤토어(Peter Zumthor)는 중앙 홀에서 접근하는 방들을 만들고, 전시는 가톨릭 미술품이라는 하나의 주제 아래 연대와 상관없이 이루어지도록 했다. 중앙 홀이 기획전의 중심공간이지만 각각 독립적인 실에는 한 장소에서 현대 가톨릭 추상미술과 중세의 조각이 시대를 뛰어넘어 동시에 전시되곤 한다. 여기에서 관람객들은 신앙이라는 같은 주제를 다룬 여러 시간대의

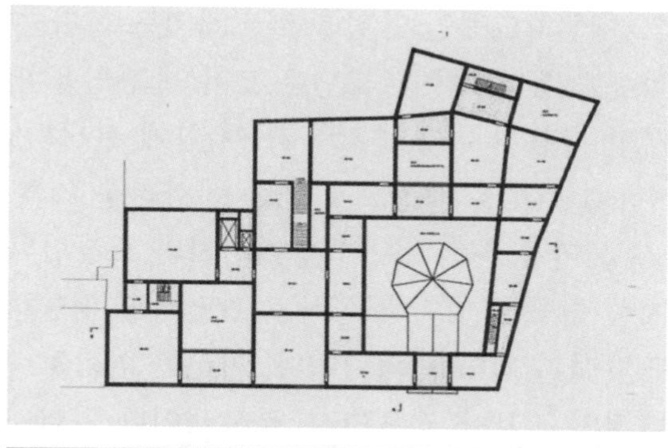

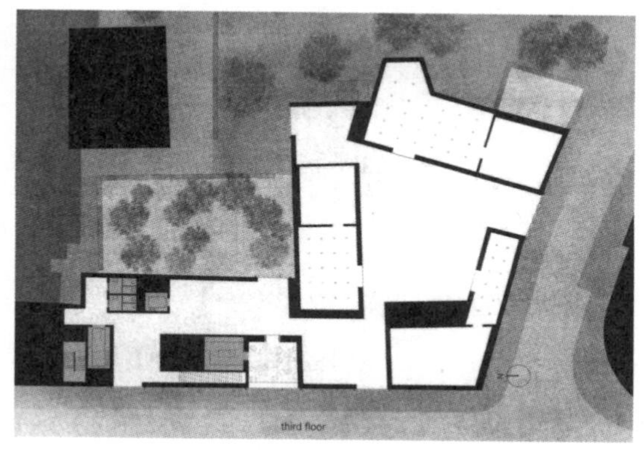

기공/가이어가 설계한 콜룸바미술관 계획안(위)과
당선작인 페터 춤토어의 계획안(아래).

작품들을 자유롭게 선택하고 몰입하며 감동하게 된다. 전면의 거대한 창으로는 역사 도시 쾰른의 도시 경관을 볼 수 있는데, 이 역시 시간을 넘는 전시 주제에 한 꼭지를 차지한다.

테이트모던은 연대기순 전시에서 탈피해 일련의 주제로 실을 구성하며 다양한 시대의 작품들을 재정렬한 사례이다. '정물, 오브제, 현실(Still Life, Object, Real Life)'이라는 주제 아래 피카소와 세잔 같은 이십세기 초 거장들의 사물에 대한 해석의 차이를 동시적으로 보여주는가 하면, 관람객들이 참여 가능한 루이즈 부르주아(Louise Bourgeois)의 대형 설치 작품들과 트레이시 에민(Tracey Emin) 같은 현대미술 작가의 전시가 공존하도록 한다. 기획 전시를 상설 전시 사이에 배치해 보편적인 상설전의 흐름에 의도적인 단절을 일으키기도 한다. 이와 같은 다양한 전략들을 통해 테이트모던은 고유의 경험을 만들어낸다. 관람객들은 한 작품이 이웃한 작품과 왜 함께 전시되었을지 어리둥절해하며 새로운 시선으로 미술을 바라볼 기회를 갖는 동시에, 전시를 관통하는 기획자의 메시지와 교감한다. 이것은 수동적인 지식 습득을 넘어 해석하고 판단하고 행동하는 참여적인 관람객이 된다는 의미이다. 이러한 변화로 관람객은 작품과 개별적인 관계를 맺으면서, 역사책이나 인터넷을 통한 간접 경험이 아닌, 미술관을 직접 방문해야만 가능한 경험을 생산한다.

전시실이 된 작업실

니콜라스 세로타는 그의 대표적인 저서 『경험인가 해석인가: 현대 미술관의 딜레마』[35]에서 현대미술 전시의 변화 과정을 설명하며, 앙리 마티스(Henri Matisse)가 자신의 작업실을 그린 〈붉은 스튜디오〉(1911)에 주목한다. 그림 속에는 마티스 자신이나 모델이 없고, 그 대신 작가의 작업 환경 곳곳에 자리한 회화, 조각 등이 보인다. 세로타에 의하면 이는 마티스가 의식적으로 작품들과 환경 사이의 관계를 탐구했으며, 따라서 작품이 미술관에서 놓일 위치를 중시하는 변화가 일어났음을 보여준다. 작업실이 전시공간이 된 조각가 콘스탄틴 브랑쿠시(Constantin Brâncuși)의 경우도 있다. 그는 작품과 공간 사이의 관계가 매우 중요하다고 생각하며 다양한 배열, 조명 환경 속에서 작업실 사진을 자주 찍었다. 사후에는 작업실을 있는 그대로 재설치하는 조건으로 작품들을 파리 국립현대미술관에 기증했고, 현재는 렌초 피아노에 의해 재축된 아틀리에브랑쿠시(L'Atelier Brancusi)로 옮겨졌다. 닫혀 있던 스튜디오의 원형을 보존하는 동시에 대중에게 공개해야 하는 두 가지 문제는 개방형 유리를 적용한 건축과 폐쇄적인 담장으로 둘러싼 외부 공간의 결합으로 해결되었다.[36]

그밖에도 세로타는 몬드리안이 삼차원 공간에서의 색면 탐구를 위해 작업실을 꾸몄던 사례나 엘 리시츠키(El Lissitzky), 쿠르트 슈비터스(Kurt Schwitters), 마르셀 뒤샹(Marcel Duchamp) 등 전시공간을 조작해 관람객과 작품 사이의 관계를 새롭게 설정했던 사례를 언급하면서, 한 작가의 개인전과 작가에 의한 공간의 통제 등이 전통 박물관 전시와 구별되는 현대미술 전시의 중요한 변화라고 간주했다.

여기에는 계몽을 목적으로 한 공공 미술관들이 의미있는 작품을 소장하기보다는, 연대기순 전시를 위해 부족한 분야의 소장품을 수집하는 박물관 형식이었던 것에 대한 비판 역시 깔려 있다. 세로타가 생각하기에 선형 전시실의 고정관념과 전통은 동시대 미술관에서 가장 중요한 극복의 대상이었다.

관람객의 부상

건축과 도시설계 작업을 겸한 개념미술가 레미 차우그(Rémy Zaugg)는, 세로타보다 앞서 작품과 관람객 간의 관계에 기초해 미술관 건축의 근본적인 문제를 제기했다. 『내가 꿈꾸는 미술관, 또는 일과 사람의 장소』[37]라는 저서에서 그가 정의한 이상적인 미술관은, 직역하자면 '인간과 작품의 장소'이다. 전시를 고려하지 않고 작업한 고전미술이나 교회의 제단, 바로크 응접실 등에서 배경 역할을 하는 작품이나 전시가 아니라 오롯이 작품과 관람객이 존재하는 관계의 공간으로 전시실을 규정한 것이다.

차우그에 따르면, 현대미술 작가들은 관람객을 염두에 두고 작업하기에 작품 못지않게 전시공간의 중요성이 강조된다. 그는 벽, 바닥, 천장 및 이들 간의 관계에서 시작해, 정방형 및 장방형 전시공간의 비례와 전시의 관계, 입구의 위치가 전시에 미치는 영향과 변화를 여러 다이어그램을 통해 차례대로 검토함으로써, 장방형 비례의 이상적인 전시실을 도출해낸다. 그에 따르면 너무 긴 형태의 방은 움직임에 지배되고 정방형의 방은 중심을

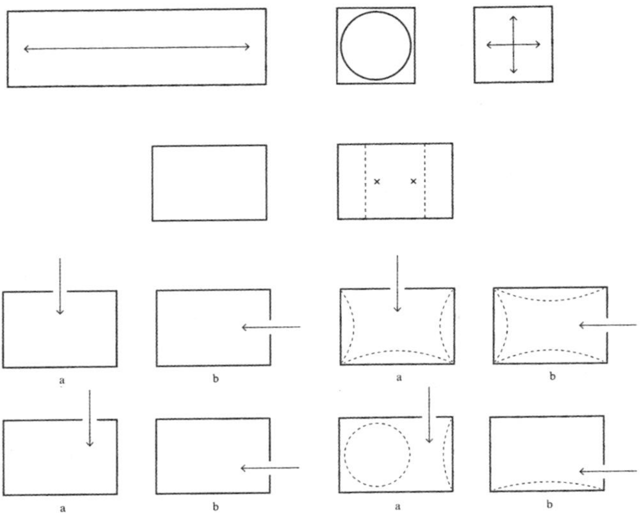

레미 차우그의 전시실 다이어그램. 장방형 공간의 강점을 보여주면서 전시실의 비례와 전시의 상관관계를 설명하고(위), 입구 위치가 전시 영역에 미치는 영향을 확인할 수 있도록 정중앙에 있는 사례와 한쪽으로 적절히 치우친 사례를 제시한다(아래).

건축 동선과 전시실의 분리를 보여주는 레미 차우그의 다이어그램. 전시실에 들어서면 관람객 각자의 자유로운 동선이 생성된다.

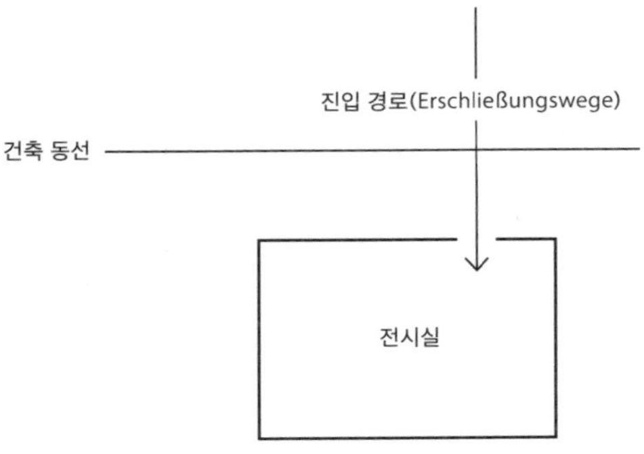

지나치게 강조하게 된다. 따라서 적절한 장방형 공간이 이러한 단점들을 보완해 준다.

일반적으로 연대기순 전시에서는 전시와 동선이 하나로 결합된다. 즉 전시가 곧 동선이다. 차우그는 특히 십구세기 고전 미술관에서 주로 발생하는, 이동하며 감상하는 전시실이 집중을 방해하고 간섭하는 예시를 들면서 동선과 전시가 분리된 다이어그램을 그 대안으로 제시한다. 이에 따르면 전시실 밖은 사람들이 움직이는 건축 동선의 공간이다. 사람이 많아지면 복잡할 수는 있지만 건축이 유도하는 동선은 전시실 입구에서 끝난다. 일단 그 내부에 진입하면 동선은 사라지고 작품과 관람객은 온전히 하나가 되며 전시실은 순수한 공간이 된다. 이 대비적 관계는 마치 영화관의 로비와 상영관의 관계처럼 느껴진다. 일련의 관람객들이 작가의 스튜디오를 방문한다면, 자율적인 동선으로 둘러보고 각자 느낀 대로 작가를 이해하려 노력할 것이다. 차우그의 생각은 이러한 작품과 관람객의 관계를 미술관에 적용하려 했던 것이다.

유사한 시기에 만들어진 미술관 중에, 기공/가이어가 설계한 키르히너미술관(Kirchner Museum)은 이러한 관점에 부합한다. 스위스의 겨울 휴양지 다보스에 자리한 이곳은 독일 화가 에른스트 루드비히 키르히너(Ernst Ludwig Kirchner)의 작품들을 소장하고 있는, 지상 1층과 지하 1층 규모의 작은 미술관이다. 알테피나코테크의 후예들처럼 지상 1층에는 세 개의 장방형 전시실이 포함되어 있는데, 이들의 비례와 입구의 관계는 레미 차우그의 다이어그램 모델에 가장 근접해 있다. 전시실의 경우 벽면은 백색이고 천장은 전체가 유리 천창이며, 바닥 마감은 나무이다. 이에 반해 전시실과 전시실 사이의 공간은 바닥, 벽, 천장이 모두 콘크리트로 마감되어 있다. 전체 커튼월 구조를 적용해 투명 유리로 된 일부 벽은 알프스의 풍광을 향해 열려 있다.

이곳에는 지상 1층에 네 개의 전시실이 있는데, 그중 세 개의 전시실에는 연대기적 순서가 존재한다. 하지만 한 작가의 작품을 상설 전시하는 미술관이므로 선형 동선이 적절할 것이라는 일반적인 생각에서 벗어나, 전시실을 분리해 동선의 흐름을 끊어내고 키르히너의 일대기를 세 개의 영역으로 분할했다. 중앙에 벤치가 있는 장방형 전시실들은 독립된 하나의 공간으로서 동선이 약화되고 집중적이며, 그 사이 공간은 관람객들이 오가며 키르히너의 작품과 다보스 풍광의 관계를 생각해 보도록 한다.

자연광을 이용한 전시실 조명 방식이 놀라운데, 화려한 채색의 작품들을 전시하기 위해 외벽의 고측창에서 내부로 유입된 빛이 반투명 유리 천장에 의해 한 번 더 확산되어 조명 역할을 한다. 알테피나코테크와는 다르게 천창이 아닌 고측창을 활용한 이유는 눈이 많이 내리는 스위스의 자연환경 때문이었을 것이다. 고측창을 내기 위해 전시공간의 층고는 전시실 밖의 동선공간보다 높게 계획되었으며, 그 덕분에 관람객들은 미술관 외부에서도 전시실의 위치를 구별할 수 있다.

페터 춤토어의 브레겐츠미술관(Kunsthaus Bregenz)은 이러한 고측창 시스템을 수직 적층한 사례이다. 단순한 구조와 자연광의 활용을 특징으로 하는 이 미술관에서는, 반투명 유리 패널로 된 건물 외피에서 유입된 빛이 중간 공간을 거치고 층과 층 사이 천장 공간의 측면을 통해 내부로 확산되어 반투명 유리 천장을 밝힌다. 이렇게 세 번에 걸쳐 들어오는 자연광은 계절과 날씨에 따라 달라지며 인공조명은 보조적인 조도 조절만을 담당한다. 또한 키르히너미술관은 여유있는 크기의 고측창을 통해 자연광이 일관되게 유입되는 반면, 브레겐츠미술관은 측창의 높이가 낮아 상대적으로 일정하지 않다. 이에 대해 작가들의 비판이 일자 건축가는 미술관 옆 레만호수의 빛을 자연스럽게 끌어들이기 위해서였다며, 이곳에서만 가능한 고유한 경험이라고 주장했다.

브레겐츠미술관은 규모는 작지만 동시대 미술관의 특징을 잘 보여준다. 가로세로 24미터의 정방형으로 구성된 한 층 전체가

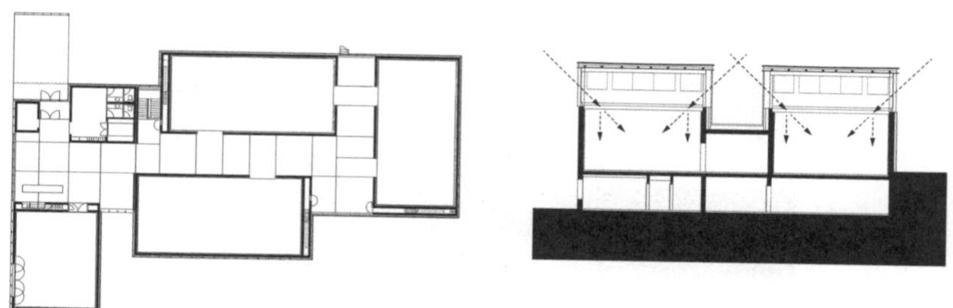

키르히너미술관 지상 1층 평면도(왼쪽)와 단면도(오른쪽).
장방형의 전시실들이 나뉘어 있고, 넓은 고측창으로 빛이 안정되게 들어오도록 했다.

브레겐츠미술관 전시실 평면도(왼쪽)와 단면도(오른쪽).
한 층 전체가 하나의 정방형 전시실로 되어 있고, 고측창을 통한 자연광의 유입을 활용했다.

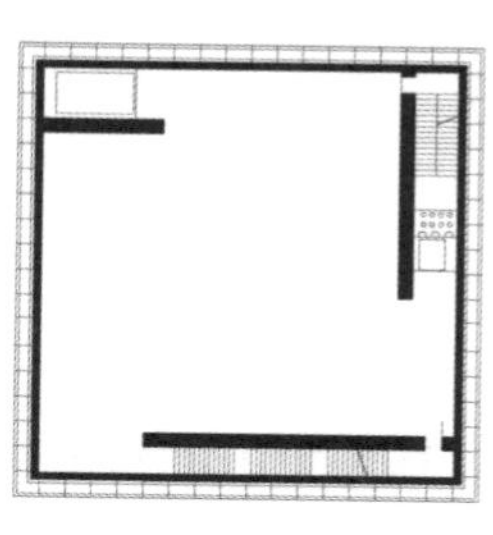

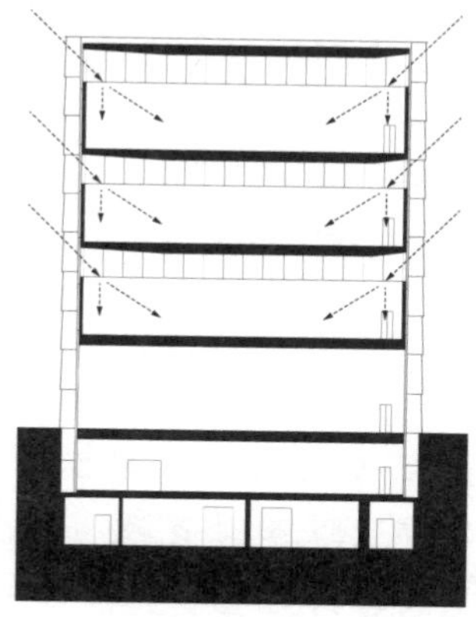

키르히너미술관의 전시실.(위) 장방형의 비례는 차우그의 다이어그램을,
천창은 알테피나코테크를 계승했다.
마이애미아트뮤지엄 계획안 모형.(아래) 동시대 미술의 다양성에 맞춰 각기
다른 볼륨의 전시실로 구성했다.

전시실이며 동일한 평면의 공간이 수직으로 적층되어 있다. 각 층의 전시실은 분리되어 있어 하나의 전시로 연결되기 어려운 형태이며, 층별로 한 작가 혹은 하나의 주제로 집중하기에 적절한 공간비례를 가지고 있다. 콘크리트 벽면에는 그림을 걸기조차 어려워 이곳은 벽에 그림을 걸기 위한 전시실이 아니라고 주장하는 듯하다. 반면에 천장은 유리를 한 판씩 제거하면 무거운 하중의 작품들도 매달 수 있는, 현대미술을 위한 유연한 구조를 가지고 있다. 전통적인 모듈의 세 배에 가까운 정방형의 전시실은 레미 차우그의 장방형 전시실보다 더 동선이 사라져 전시에 따라 작품들과 산발적으로 움직이는 관람객이 한 층에서 서로 뒤섞이게 되기도 한다. 이것은 구체적인 전시 콘셉트를 가지고

계획된 미술관의 자신감이다.

세지마 가즈요의 가나자와 이십일세기미술관(21st Century Museum of Contemporary Art, Kanazawa)의 경우, 장방형, 원형, 정방형 등 다양하고 개별적인 전시실을 구성하고 천장고에 변화를 주어 독특한 조합을 만들어냈다. 각 전시실은 하나의 작품이나 주제가 놓이기에 적절한 크기와 비례로, 레미 차우그가 정의하듯 작품과 관람객의 공간이 된다. 이 미술관은 크고 개념적인 평면과 단면을 강조하는 점 때문에 새로운 전형의 시작으로 알려지긴 했지만, 천창으로 자연광을 유입시키는 방식은 키르히너미술관이나 브레겐츠미술관을 이어받았다.

2007년 헤르조그 앤드 드 뫼롱이 마이애미아트뮤지엄(Miami Art Museum, 가칭) 건립을 위해 제출한 계획안도 그 연장선상에 있다. 아주 작은 방에서 대형 전시실까지, 모듈에 관계없이 전시실 규모가 변주되는데, 평면만 보더라도 회화 중심의 모듈에 기초한 구성이 아님을 알 수 있다. 동시대의 설치미술과 다원 예술을 위한 비전을 가지고 상설 전시와 기획 전시의 구분을 두지 않도록 한 것이다. 아쉬운 점은 페레즈아트뮤지엄 마이애미(Pérez Art Museum Miami)라는 이름으로 2013년 개관하게 되면서 설계 원안이 유지되지 않고 비슷한 크기의 일정한 모듈을 가진 전시실로 변경된 것이다. 계획안에서의 개념은 살아 있으나 건물은 육중해졌고 설계 당시보다 전시실 모듈의 과감함이나 공간 유연성이 다소 줄었다.

몰입의 장소

독일의 건축가 한스 샤로운(Hans Scharoun)은 공연장을 '공연에 감동하는 방청객과 무대를 동시에 감상하는 곳'이라 정의하면서, 1963년 베를린필하모니(Berliner Philharmonie)를 설계할 때 무대와 함께 객석 간의 관계도 같이 고려했다. 다른 관객들과 작품을 함께 관람하는 장소는 고대 그리스의 원형극장에서부터 존재해 오늘날의 야구장이나 축구장 같은 경기장으로 이어져 왔다. 영화관은 작품의 몰입도와 관객 간의 상관관계가 상대적으로 적다는 점에서 그 성격이 다르다. 영화관에서의 감상은 마치 한 명의 관객이 하나의 작품을 바라보는 것과 유사해서, 다른 관객이 함께 있더라도 서로 영향을 주지 않는 것이 좋다고 말할 수 있다.

서울관은 영화관에서처럼 다른 사람들과 같은 공간에 있으면서도 한 명의 관람객이 한 작가, 한 작품에 몰입하는 공간이 되었으면 했다. 그러나 많은 사람이 몰리는 도심에서 이러한 공간을 어떻게 만들어내겠는가. 한적한 교외의 미술관에서는 자연스럽게 성취되겠지만, 서울관은 연간 이백만 명의 방문객을 목표로 계획되었고 실제로 그 이상이 방문하고 있다. 주말에는 하루 일만 명 가까이 방문하기도 한다. 이러한 상황에서 관람객이 오롯이 작품에 집중할 수 있는 공간을 어떻게 만드는가가 난제였다.

전시실은 일련의 관람객들이 수많은 작품들을 감상하는 것을 생각하면 공공의 공간이다. 그러나 관람객 한 명이 작품 하나에 몰두하는 것을 생각하면 개인적인 공간이다. 우리가 추구한 관람 환경은 이처럼 주변을 신경 쓰며 작품을 감상하기보다는, 옆에 누가 있든지 상관없이 작품에 온전히 빠져들 수 있는 전시실이다. 앞사람을 따라 관람할 필요도 없고, 뒷사람에 밀려 움직일 필요도 없다. 선형의 미술관과 달리 작가와 관람객의 선택을 존중하고 원하는 대로 머무를 수 있게 하는 전시실에서, 사람들의 발자국은 공간 전반에 산발적으로 퍼진다. 전시실의 비례와 볼륨, 조명과 설비는 작가와 관람객들의 몰입도를 높이기 위한 건축적 장치들이다. 전시실 밖에서는 보고 싶은 전시를 찾느라 헤매다가도, 일단 전시실에 들어오게 되면 평소와 다른 빛과 공간적 상승감으로 작품 이외의 것은 잊게 된다. 이 몰입은 미술을 감상하는 소비를 넘어서 스스로 참여하고 생산하는 변화를 유도한다. 이처럼 서울관의 단위공간들은 관람객 혼자 하나의 작품에 몰입하는 공간들이고 서울관은 그것들이 병치된 합이고자 했다.

전시실의 조합

서울관 전시실의 형식은 크게 화이트큐브, 매직박스, 블랙박스, 세 가지로 분류했다. 화이트큐브형은 회화를 위한 벽간 거리, 즉 8미터에서 9미터의 폭을 갖는 전통적인 형태를 따랐고, 매직박스형은 설치미술을 위한 전시실로서 바닥, 벽 그리고 천장 모두를 활용하는 데 중점을 두고 새로운 삼차원 비례를 만들어냈다. 블랙박스형은 다원 예술을 전시하기에 적합한 공간으로, 영상과 음향 등을 강조하기 위해 벽면과 천장은 어두운 색으로 존재감을 줄였다.

중심성을 갖는 정방형의 서울박스나 전시박스와 대비하여 대부분의 전시실은 장방형 공간을 기본으로 했다. 엽서 비례를 가진 이 공간은 사방이 같은 정방형 공간처럼 회전하는 느낌 없이 전시의 변화에 유연하게 대응할 수 있다. 전시실의 크기는 다양하게 설정했는데, 단독 전시에 필요한 최소 면적을 이백오십 평으로 보고 5전시실을 이 규모로 계획했다. 여기서는 하나의 독립적인 전시가 가능할 것 같았다. 큰 규모의 전시에는 전시실 여럿을 묶어서 사용할 수 있도록 고려했다. '매직박스'[38]인 동시대 미술관에서 선보이는 작품은 회화일 수도, 설치미술일 수도, 다원 예술일 수도 있다. 현재의 서울관은 근대와 현대를 아우르는 미술관이 되었지만, 동시대 미술관으로 계획되었던 초기에는 국내에 설치미술이나 다원 예술을 위한 전시실이 부족한 점을 감안해 이에 더 중점을 두기도 했다.

현대미술 작품의 하중은 다양하기 때문에 지상 1층 전시실은 회화 중심으로 계획하고 바닥은 작품의 무게가 무겁지 않을 것으로 예상하여 목재로 마감했다. 그에 반해 지하층 전시실은 무겁고 큰 작품들의 전시가 가능하도록 했는데, 바닥을 골조 그

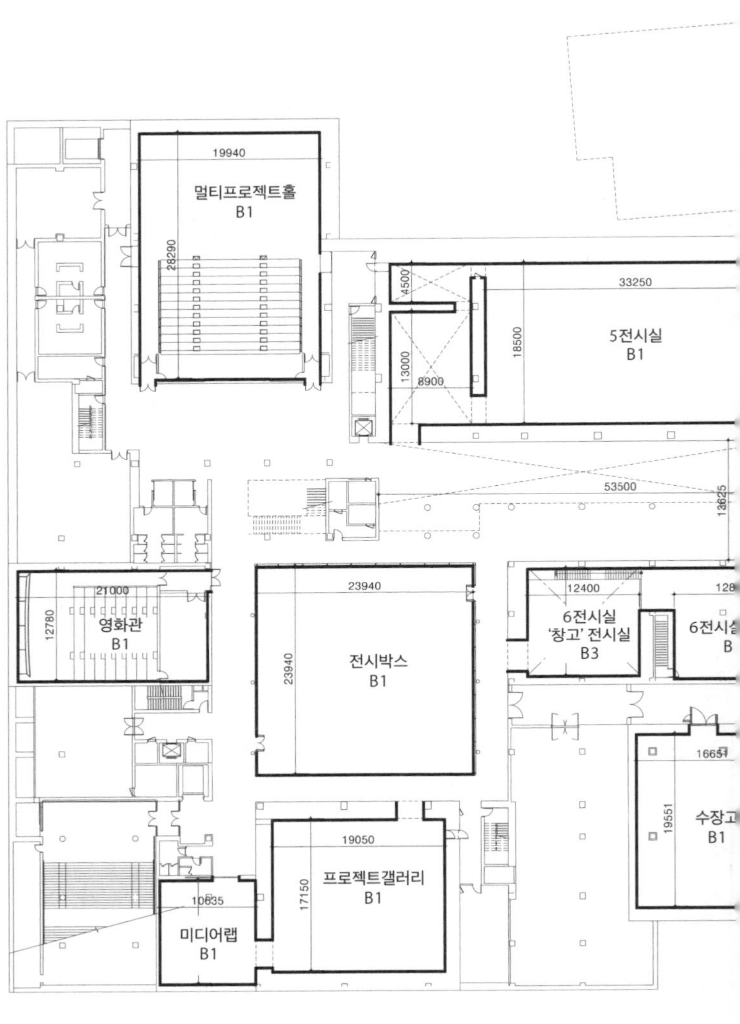

하나의 평면에 모은 서울관 전시실의 배치.

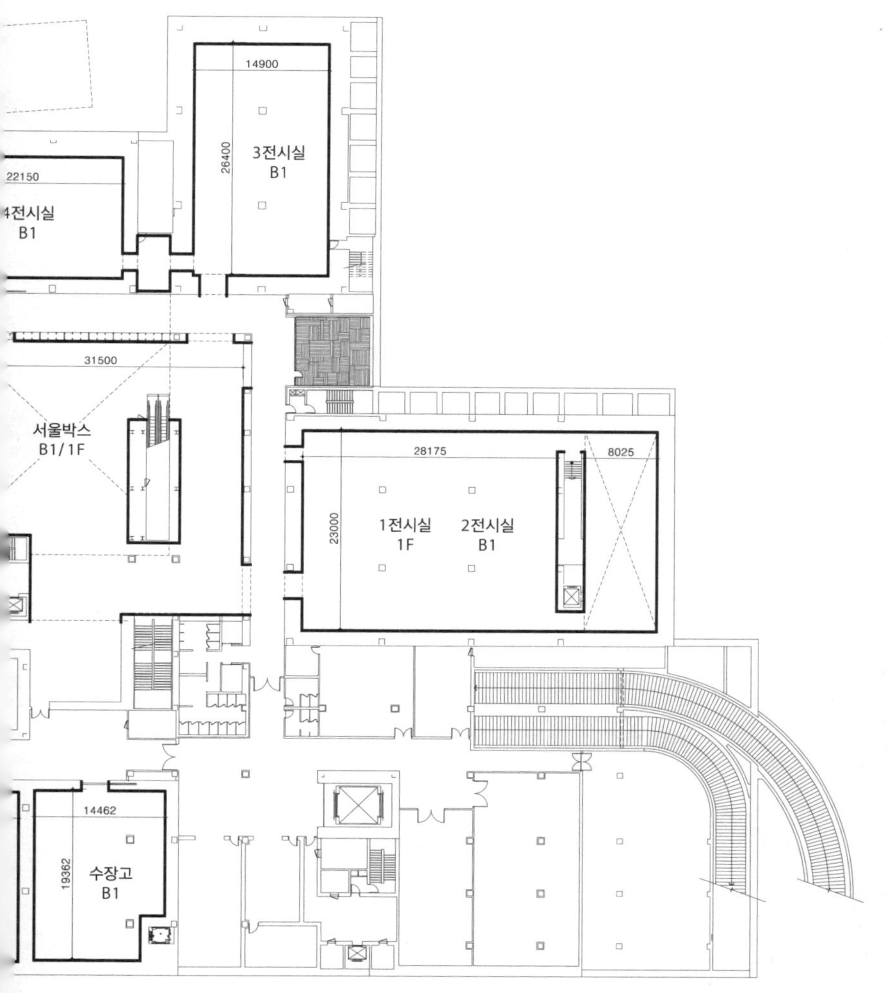
14900
3전시실
B1
26400
22150
4전시실
B1
31500
서울박스
B1/1F
28175
8025
23000
1전시실
1F
2전시실
B1
14462
19362
수장고
B1

지상에 위치한 1전시실의 전경. 자연광은 네 겹의 천장을 통해 유입되며, 형광등이 그 조도를 보완하면서 다양한 빛 환경이 연출된다.

1전시실과 수직으로 연결된 2전시실의 가장 안쪽 공간. 화이트큐브의 틀은 유지하되, 자연광을 끌어들여 삶의 맥락과 단절되지 않도록 했다.

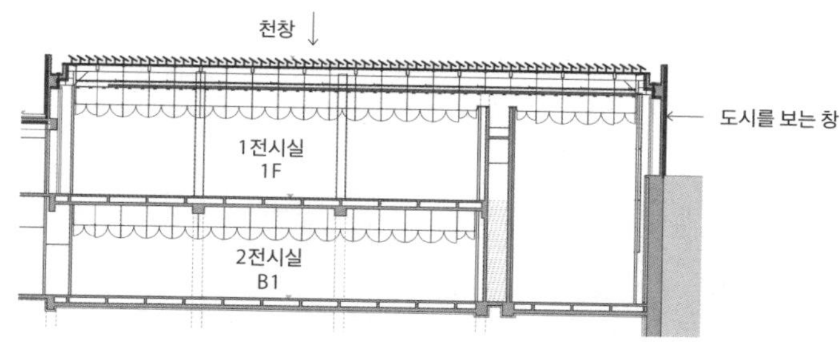

1, 2전시실과 천창의 단면.

자체인 콘크리트를 사용하면서 약품으로 강화하고 광이 나도록 갈아냈다. 목재나 석재 혹은 타일로 마감하면 작품을 운반하거나 설치 도중에 바닥이 쉽게 파손되기 때문이다. 각 전시실에서 작품은 바닥에 놓이기도 하지만 벽에 걸리기도 하고 천장에 매달리기도 한다. 회화 같은 작품을 걸기 위해서는 높이 4미터 정도의 벽이 필요한 데 비해, 설치미술이나 영상을 위해서는 높이 6미터 이상의 공간이 필요하다. 과천관은 모든 전시실이 3.5미터의 일률적인 천장고를 가지고 있기에 서울관은 다양한 높이를 가진 전시공간을 갖추도록 변화를 주었다.

화이트큐브의 재맥락화

서울박스를 둘러싸고 있는 1, 2, 3전시실은 화이트큐브형 전시실이다. 전통적으로 8.5미터에서 9미터 폭을 갖는데, 이는 양쪽 벽면에 그림을 전시하기 위해 신고전주의 미술관에서부터 이어져 온 기준이다. 4장에서 설명했듯 화이트큐브형 전시실은 근대 미술관에서 많이 사용하는 백색 공간에 대한 이데올로기이다. 이 공간에 들어가는 작품은 일상적인 삶의 맥락에서 단절되고, 따라서 추상적이고 이상적인 감각에서 바라보게 된다는 특징이 있다. 뒤샹이 공산품 변기를 〈샘(Fountain)〉이라는 이름의 작품이 되게 만든

계획에 그친 제로전시실 내부 모형(위)과
그 입구만 흔적으로 남은 1층 홀(아래).

것도 화이트큐브의 힘이다. 서울관의 경우, 공간을 지나치게 보편화하고 객관화하는 화이트큐브의 특징을 단점으로 간주하고 1, 2전시실 가장 안쪽에는 복층 구조로 연결해 층고를 달리함으로써 전시가 절정에 이를 수 있도록 했고, 그 벽면에는 '도시를 보는 창(urban window)'을 내어 바깥의 삶과 예술 세계를 연결해 장소특정성을 부여했다. 화이트큐브의 이데올로기가 삶의 맥락에서 벗어나는 데 있다면 '도시를 보는 창'의 이데올로기는 다시 맥락을 연결하는 데 있다.

건축에서 냉난방 공조는 일반적으로 천장에 위치한다. 하지만 전시실의 경우 벽을 전시에 활용하므로 자연광의 유입을 위해 대체로 천장을 사용한다. 서울관에서는 이를 위해 이중 바닥을 만들고 냉난방 공조를 바닥으로 내림으로써 천장 속에는 조명과 소방 설비만 남겨 두었다. 익스펜디드 메탈(expanded metal) 천장재 속으로 단순하게 정리된 설비 장치들이 들여다보이도록 했는데, 이는 빛을 산란시킬 뿐 아니라 천장에 매다는 작품의 하중을 지지하고 조명과 소방시설의 점검을 용이하게 한다. 반투명해 그대로 내부가 드러나면서 부드럽고 상승감이 있는 천장이 만들어졌다. 건축가들은 미술관에서 작품보다는 천장에 관심을 두고 다닐 만큼, 천장의 건축, 구조, 전기, 기계 및 소방 설비 등이 얼마나 잘 정리되어 있느냐는 건축적 완성도를 판단하게 하는 근거이다.

서울관의 대표 전시실인 1전시실은 로비에서 가장 가까이 위치해 있다. 원설계는 12베이로 구성되었지만, 고정적인 벽체 일부가 없어지고 남은 네 개의 기둥만이 화이트큐브형 전시실의 흔적을 말해 준다. 자연 채광을 적극적으로 끌어들인 전시실로, 네 겹의 천장을 통과하면서 걸러지고 확산된 자연광이 유입된다. 가장 외곽의 첫번째 층은 루버로 빛의 유입을 조절하는 동시에 건물 일체형 태양광 발전 시스템(BIPV)이 전기를 만들어낸다. 두번째 층은 내외부를 구별시키는 층으로, 샌드 블라스팅(sand blasting) 처리되어 반투명해진 단열 복층 유리를 사용했다. 세번째 층은 전동 암막 루버로, 전시실을 암실로 바꿔 주는 기능을 한다. 마지막 층인 천장재는 자연광과 인공광을 다시 한번 확산시키는 익스펜디드 메탈이다. 날씨에 따라 변화무쌍한 자연광은 전시실의 전체적인 색상을 결정하고 인공광인 형광등은 조도를 보완하는 역할을 한다. 인공광은 밝기 조절 장치를 포함해 아주 밝은 환경부터 암실같이 어두운 환경까지 연출 가능하다. 작품을 강조하기 위해 박물관에서 많이 쓰이는 할로겐등이 아니라 일상생활에서 흔히 쓰이는, 그리고 작가가 작업할 때도 사용했을 형광등을 사용한 것은, 자연광과 더불어 일상의 빛으로 예술 작품을 감상하도록 하기 위함이었다. 이러한 빛을 통해 감상하는 것이 작가를 이해하고 작가와 소통하는 가장 좋은 방법이라고 생각했기 때문이다.

설계는 했으나 공사를 포기한 화이트큐브형 전시동이 하나 있다. 서울박스 뒤 종친부 옥첩당 오른쪽에 해당하는 자리로, 공터가 바로 그 흔적이다. 지어졌다면 2전시실로 명명되었겠지만 공사 중에는 카운트되지 않는 이 전시실을 '제로전시실'이라 불렀다. 이 공간은 가로 18미터, 세로 27미터로 면적은 백 평 정도이다. 1전시실과 같은 시스템으로 계획했고 1전시실, 서울박스와 함께 자연광이 충만한 지상층의 대표 전시실이 될 예정이었다. 모형과 도면으로만 남게 된 것은 옛 기무사 본관의 복원 비용 증가로 인해 공사비가 부족했기 때문이다. 공공 건축에서 공사비가 초과되는 경우 전반적인 자재의 품질을 경제적인 쪽으로 변경하는 것이 일반적인 관행이나, 이는 공공 건축의 품질을 낮추는 원인 중 하나다. 서울관은 국가를 대표하는 국립 미술관이기에 재료를 바꿀 수는 없었고, 그 대신 한 동의 전시공간을 포기하기로 했다. 당시에는 나중에 예산이 추가되면 바로 증축할 수 있도록 건물의 기초와 전기 및 설비 작업을 해 두었다. 서울박스 뒤에 입구만 남아 있는 홀이 원래 제로전시실 입구이다.

지하층의 2전시실과 3전시실은 지상층의 1전시실이나

제로전시실과 같은 궤적을 갖고 있다. 2전시실의 크기와 구성은 1전시실과 같은데 주 공간에 자연 채광이 없고 바닥 마감이 다르다. 이 전시실 가장 안쪽에는 지상의 1전시실과 통하도록 천장을 터서 자연광이 들어오게 하고 높이 9미터의 전시공간을 만들었다. 이 공간은 두 전시실을 연결할 뿐 아니라 전시의 클라이막스 역할을 한다. 관람객들은 더 깊은 내부로 들어올수록 예기치 못한 반전을 경험한다. 제로전시실이 없으면 지상층에는 한 개의 전시실만 남게 되기에 이 공간을 만들어 1전시실과 2전시실에서 하나의 전시가 가능하도록 한 것이다. 공사 중 현장에 참여하면서 이같은 변경을 하게 되었고, 그 과정에서 피난계단을 개방해 연결 통로로 활용하도록 하고 엘리베이터를 추가했다.

2전시실은 지하에 위치하지만 지상과 연결함으로써 자연광이 조금이라도 들어오도록 고려한 공간이다. 따라서 모든 조명을 끄더라도 전시실 전체가 어두워지지는 않는다. 전시에 따라 국부조명을 설치할 수 있도록 트랙을 갖추고, 눈부시게 밝은 공간부터 아주 어두운 공간까지 다양한 연출이 가능하도록 했다. 3전시실은 제로전시실과 같은 백 평 규모의 크기로 가장 작은 전시가 가능하다. 더 큰 규모의 전시가 필요할 때는 4전시실과 연결하여 활용할 수 있도록 연결 통로를 만들었다. 이러한 전시실의 조합이 어느 정도 비중있는 역할을 해 주어, 서울관이 아직까지 증축 요구 없이 무난히 운영되는 듯하다.

참여적 전시와 매직박스

서울박스와 전시박스 사이에 있는 4, 5, 6전시실은 매직박스형 전시실이다. 보다 참여적인 현대미술 전시를 위해 모듈 단위의 조합이 아닌, 기둥이 없는 하나의 볼륨으로 계획되었다. 모듈형 전시실이 벽면에 회화를 전시하기 위해 자연광과 우드 등의 인테리어로 마감의 수준을 높였다면, 매직박스형 전시실은 창고형에 가깝다. 전시에 요구되는 작품의 크기가 다양하기 때문에 천장고에 변화를 주어 공간 비례에 중점을 두었다. 벽 전시 중심의 근대미술 공간이 벽과 관람객 간의 거리에 근거한 모듈의 평면적 구성이라면, 동시대 미술의 공간은 작품과 공간이 입체적으로 결합하고 작품과 관람객이 공존하는 삼차원적 구성이다. 설치미술을 원활히 전시하기 위해 벽을 포함해 바닥과 천장 등 모든 공간에 작품 설치가 가능하도록 했다.

4전시실은 가로 24미터, 세로 15미터, 높이 7미터의 볼륨을 갖고 있는데, 문화재 협의 과정에서 원 설계가 변형되어 독특한 비례가 만들어졌다. 어떤 전시가 가능한지에 대한 선례가 없어 걱정되었으나 개관하고 나니 예기치 못한 비례의 공간에서 오히려 흥미를 유발하는 새로운 형식의 전시 구성이 만들어졌다. 개관전 「연결_전개」에서 선보인 스위스 작가 마크 리(Marc Lee)의 〈10,000개의 움직이는 도시—같지만 다른(10,000 Moving Cities—Same But Different)〉는 관람객이 보고 싶은 도시를 컴퓨터에 입력하면 그에 따라 큐브 형태의 구조물에 이미지, 사운드 등이 입혀져 실시간으로 변화하는 설치 작품이었다. 공간적인 한계에도 불구하고 전 세계의 도시들을 탐험하는 주제와 구성이 이 공간과 어울리고, 동시대적이며 신선했다. 특히 기존의 박물관처럼 작품을 탈맥락화하여 한곳에 모은다는 관념과 반대로 한곳에서 전 세계의 원위치를 연결하는 역발상이 흥미로웠다. 2014년 「매트릭스: 수학_순수에의 동경과 심연」전에서는 건축가 국형걸의 작품 〈파트 투 홀(Part to whole)〉이 설치되었다. 개별 요소들이 만들어내는 반복적 흐름을 하나의 공간으로 형상화한 작품이었다. 목조 건축물이지만 4전시실의 충분한 높이 덕분에 작품과 전시공간 간의 관계가 적절한 균형을 이루었다.

반면, 5전시실은 정밀하게 의도된 공간으로, K20미술관의 2010년 증축된 전시실을 참고해 구상되었다. 가로 33미터, 세로 18미터, 높이 8미터에 기둥이 없고 천장이 높은 공간으로,

4전시실에 설치된 마크 리의 〈10,000개의 움직이는 도시—같지만 다른〉. 2013.
다양한 크기의 큐브형 구조물과 공간 비례가 어우러져 신선한 구성의 전시를 만들어냈다.

5전시실에 전시된 김수자의 〈마음의 기하학〉. 2016.
관람객들이 테이블에 둘러앉아 직접 작품에 참여하고 있다.

5전시실 전경.
기둥이 없고 층고가 높아 규모가 큰 설치미술 전시를 하기에 적합하다.

6전시실의 '창고' 전시실에 설치된 이승택의 「거꾸로, 비미술」전 일부 작품들. 2020.
전시박스로 난 창으로 작가의 다른 작품이 보인다.

지하1층의 전실과 지하3층 '창고' 전시실로 구성된 6전시실 계획.

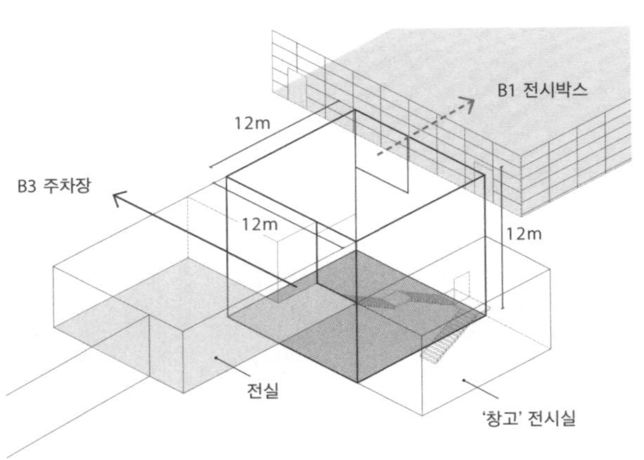

공식적인 전시실로는 그 볼륨이 가장 크다. 이곳은 사람들의 상호작용을 위한 밀폐된 장소라기보다는 산책하는 열린 공간과 비슷하다. 개관전에서 이 공간을 나누어 전시한 것이 아쉬웠고, 이후 어느 작가들로부터 이 큰 공간을 채우느라 고생했다는 이야기를 듣기도 했다. 그러나 해가 갈수록 흥미로운 작품들이 보이는데, 가장 기억에 남는 작품은 2016년 'MMCA 현대차 시리즈'에서 선보인 김수자의 〈마음의 기하학(Archive of Mind)〉이다. 작가는 19미터 지름의 타원형 나무 테이블을 두고, 관람객이 찰흙으로 공 모양을 만들도록 요청한다. 관람객들이 거대한 테이블에 둘러앉아 직접 작품에 개입하다 보면, 검게 칠해진 벽에 의해 전시실 내의 경계가 사라지고 관람객들의 마음이 하나로 모아진다.

5전시실 끝부분에는 작은 방을 구획했는데, 천장을 높게 만들고 고측창을 내어 도시를 보는 창을 만들었다. 외부에서는 종친부 이승당 터를 향하고 있는 지면 높이에 해당하지만, 지하인 5전시실에서는 상당히 높은 위치여서 창 앞에 활짝 핀 꽃과 하늘이 함께 보인다. 개관전에는 리밍웨이(Lee Mingwei, 李明維)의 〈움직이는 정원(The Moving Garden)〉이라는 참여적 설치 작품이 전시되었다. 관람객들은 작가가 정한 규칙을 따른다면 이곳에 놓인 꽃을 가지고 나갈 수 있는데, 우연히 마주치는 낯선 이에게 그 꽃을 선물하고 그 후기를 에스엔에스(SNS)에 올리는 것이었다. 고측창을 통해 보이는 외부 마당의 꽃과 작은 정원에 꽂힌 리밍웨이의 꽃이 어우러져 건축이 작품의 일부가 된 듯했다. 5전시실 출구는 잔디가 깔린 전시박스 쪽으로 위치를 잡았는데, 가장 큰 전시실에서 작품에 몰입했다가 지하에 내려왔다는 사실을 잊고 초록색 잔디와 오후의 빛을 보며 여운을 느끼는 움직임을 상정한 것이다.

6전시실은 설계 당시에는 지하 1층의 '전실'과 지하 2층의 층고를 포함한 지하 3층의 '창고' 전시실로 구성했고, 현재는 '6전시실'로 통합되어 있다. 다른 전시실들과 같이 지하 1층에 위치한 전실 안에서는, '보이어 미술관'의 개념을 살려 창을 통해 지하 3층의 창고 전시실이 보이도록 했다. 창고 전시실에도 '도시를 보는 창'을 두었는데, 그 창은 전시박스를 향해 있다. 이 공간은 가로 12미터, 세로 12미터, 높이 12미터의 정육면체를 기본으로 부속 공간 포함 세 개의 구역으로 나뉜다. 정방형에 더해 높이까지 같은 치수로 육면체를 만들었으니 더욱 정적인 공간이다. 이 역시 서울관 고유한 형식과 비례를 가진 전시실로, 종친부 심의 결과로 좁아진 4전시실 대신 탄생했다. 지상에는 더 이상 전시실을 만들 곳이 없어 지하주차장 방향으로 내려갔다. 지하주차장과 연계하면 새로운 형식의 전시가 가능할 듯했다. 처음에 '창고' 전시실이라고 이름 붙였던 것도 주차장과의 연결을 고려했기 때문이다. 기대했던 대로 여기서는 창의적이고 도전적인 작품들이 전시되어 왔다.

전실에서 창고 전시실로 내려가는 별도의 길이 필요하였으나 예산상의 문제로 실현되지 못했고, 현재와 같이 피난 루트를 관람 루트와 병행해 사용하는 것에 만족해야 했다. 현재 서울박스의 엘리베이터는 주차장과 1층을 연결하는 엘리베이터와 전시실 간을 연결하는 엘리베이터로 구분되어 있으나 이를 없애고 지하 2층에서 지하 1층과 지하 3층을 연결하면 노약자도 원활하게 접근할 수 있을 것이다. 개관전에서 장영혜중공업은 '현장제작설치 프로젝트'로 〈그루빙 투 더 비트 오브 더 빅 라이(GROOVIN' TO THE BEAT OF THE BIG LIE)〉를 선보였는데, 관람객을 둘러싼 모든 벽에 영상 작업을 설치해 관람객이 영상의 중심에 오도록 했다. 창은 이 전시를 위해 닫히면서 오랫동안 그 존재가 잊혔다가 2020년에야 비로소 이승택의 「거꾸로, 비미술」전에서 다시 열렸다. 어두운 전시실과 대비되는 창, 거기서 유입되는 밝은 빛은 반전이었다. 창밖으로 보이는 전시박스에서는 이승택의 다른 작품이 전시되고 있어 '보이어 미술관'의 아이디어가 실현되었다고 하겠다.

이러한 전시실들은 선례를 참조했다기보다, 우리에게

주어진 상황에 따라 독자적인 비례의 삼차원 공간을 만들었다고 표현하는 것이 적절하다. 이 공간과 결합되는 작품들은 매번 놀랍다. 작가들이 전시실이라는 고정된 한계를 벗어나려는 이유가 이같은 다른 형식에의 도전 때문이라면, 새로운 비례의 공간들은 계속 탐구되어야 할 것이다.

전시와 공연의 결합, 블랙박스

전시박스 주변에 위치한 7전시실과 미디어랩, 영화관(현재의 MMCA영상관), 멀티프로젝트홀(현재의 MMCA다원공간)은 다원 예술을 위한 블랙박스형 전시실들이다. 미술관이 공간의 이동이고 극장이 시간의 흐름이라 할 때, 시각적 요소와 더불어 음향과 영상이 함께 설치되는 이 전시실들은 극장에 가깝다. 극장은 머무르며 집중하는 공간이다. 지나가면서 감상하는 동선의 개념은 이 전시실에서 그 한계가 더욱 명백하게 드러난다.

서울박스와 주변 전시실에는 빛이 고르게 전개되는 반면, 이 블랙박스형 전시실들은 조도도 실험적이다. 관람객들은 자연광이 가득한 전시박스와 어둠의 블랙박스를 넘나들며 일상에서 벗어난 극적인 경험을 하게 된다. 이러한 빛의 변화는 지하 전시실의 한계를 극복하고 지상과 지하의 경계를 모호하게 하기 위해 고안되었다. 영상과 음향 효과를 위해 공간의 배경은 어두운 색을 기본으로 했고, 기본적으로 어둡기 때문에 천장 마감을 생략했다. 이 전시실에 들어가면, 관람객들의 눈이 어둠에 적응해 감에 따라 전시는 조금씩 그 모습을 드러낸다. 조도가 일정하여 전체를 쉽게 인식하는 화이트큐브형 전시실과는 다른 경험이다.

'프로젝트갤러리'라는 명칭으로 계획되었던 7전시실은 음향 및 전자 장비를 활용할 수 있는 미디어랩이 붙어 있는 공간이다. 디지털미디어나 영상을 다루는 데 용이하도록 디지털 장비를 위한 별도의 하역 엘리베이터가 지상과 연결된다. 개관전에서는 '알레프 프로젝트'로 필립 비슬리(Philip Beesley)의

〈착생식물원(Epiphyte Chamber)〉이 설치되었다. 전시실의 분위기가 작품에 많은 영향을 주는 화이트큐브와 달리 여기서 건축적인 부분은 전시를 순수하게 뒷바라지할 뿐이다.

전시박스 북쪽에 위치한 영화관은 122석 규모의 작은 상영관이다. 특히 빛의 대비적 효과를 의도했는데, 일반적으로 영화관은 상영관 내의 조도가 낮아 매점이 있는 로비홀부터 어둡게 만들어 눈이 점차적으로 적응하게 계획된다. 그러나 이곳은 미술관이고 주로 예술영화, 실험영화를 다루는 공간이므로 어둠과 빛이 극적으로 대비되도록 실험했다. 감상을 마친 관람객들이 남쪽에서 들어오는 햇살을 받으며 예술의 무게에서 벗어나 눈부신 현실로 다시 들어갈 수 있을 것이다. 이는 파리 노트르담대성당에 대한 나의 기억에서 착안했다. 성당 앞 환한 광장에 있다가 그 안으로 막 들어서자 처음엔 눈이 부셔 아무것도 보이지 않았다. 그러다 서서히 시야가 분명해지며 마치 신이 보이는 것 같은 신비로움을 느꼈다. 서울관에서도 점차 예술이 보이는 경험을 하고, 전시실을 나올 때 전시박스의 빛을 바라보면서 현실로 돌아올 수 있게 했다. 신전형 미술관을 탈피하려 노력하지만 아이러니하게도 많은 아이디어들이 신전에서 나온다.

멀티프로젝트홀은 정통 블랙박스 극장(black box theater)으로, 검은 벽면과 평평한 바닥을 가진 단순 박스형 공연장이다. 요즘에는 많이 볼 수 있지만 서울관이 개관할 당시만 해도 우리나라 최초의 블랙박스 극장인 예술의전당 자유소극장이나 서강대학교 메리홀 정도만 있었던 낯선 시설이었다. 블랙박스 극장은 고정적인 연단이나 무대 없이 빈 박스형 공간에 이동이 가능한 객석 배치로 공연 형식 자체를 실험하는 공간이다. 서울관에서는 다원 예술이나 퍼포먼스를 비롯해 전시와 공연의 경계를 실험하는 뉴미디어아트의 소개가 이루어진다. 세종문화회관이나 예술의전당 음악당처럼 음향과 관객의 시선이 중점적으로 고려되어 이미 형식이 정해진 공연에

블랙박스 극장인 멀티프로젝트홀. 전시뿐 아니라 퍼포먼스, 교육 등 다양한 행사가 진행되고 있다.

7전시실과 미디어랩에서 개최된 그룹전 「로봇 에세이」의 전경. 2015. 시각적인 요소뿐 아니라 음향이나 영상이 함께 설치되는 공간이다.

적절한 프로시니엄(proscenium) 공연장과는 그 개념이 다르다. 여기서 무대는 공연에 따라 중앙에 위치하기도 하고 가장자리에 위치하기도 한다. 혹은 무대와 객석이 섞이기도 한다. 이러한 가변성을 대하는 건축의 접근 방식에도 차이가 있다. 천장은 설비 및 조명을 자연스럽게 노출하고 벽은 단순하게 흡음 중심으로 하고 바닥은 장비의 이동으로 손상되었을 때 쉽게 보수 가능한 코팅 합판으로 마감했다.

블랙박스 극장의 강점 중 하나는 무대와 객석의 단차가 없어서 경계가 모호한 주체와 객체가 긴밀히 교감과 소통이 가능하다는 점이다. 하지만 음향 전달력도 약하고 무대가 잘 안 보이는 객석이 생길 수 있다는 단점은 있다. 설계가 끝나고 공사비를 절감하기 위한 협의에서 우리는 제로전시실을 포기하는 대신 고가인 멀티프로젝트홀의 가변 객석을 생략하고자 했다. 건축의 뼈대는 한번 지어지면 변경이 어렵지만, 내부 시설은 계속 리모델링이 필요하고 추후 개선 가능하다고 판단했기 때문이다. 그러나 국립현대미술관 측은 그만큼 비중있는 공간이라고 판단했고 가변 객석의 실현을 고수했다.

기무사 사령관실의 재현, 8전시실

2층의 8전시실은 공사 중 용도가 변경되어 전시실이 된 공간이다. 가로 12미터, 세로 44미터의 긴 장방형으로, 위치는 미술관 주출입구인 옛 기무사 본관과 서울박스의 연결부에 해당한다. 공모전 당시 원계획은 옛 기무사 본관 3층에 장소특정적 전시실을 두고 현재의 8전시실 자리에는 옛 기무사 사령관실을 복원하는 것이었다. 그러나 3장에서 다룬 바와 같이 본관 2층과 3층을 사무실로 전용하게 되면서 새롭게 찾은 곳이 지금의 자리다. 결과적으로 사령관실의 복원은 이루어지지 못했지만 서울박스의 아이디어를 처음 구상한 장소이니만큼 그 흔적이나마 살리고 싶었다. 우리는 옛 기무사 본관 사령관실의 창이 있던 곳에서부터

「젊은 건축가 프로그램」 전시가 진행되고 있는 8전시실. 2017.
시간의 흐름이나 건립 과정 등을 보여주기에 적합한 긴 장방형의 공간이다.

8전시실과 서울박스가 맞닿은 곳까지 일직선을 그려 보고, 그 지점에 큰 창을 내어 '사령관실의 창'을 재현했다. 사령관이 거대한 창으로 바깥 풍경을 바라봤던 것처럼 관람객들은 서울박스를 내려다볼 수 있다. 한편으로는 여기에도 '도시를 보는 창'이 있는 셈이다.

이 전시실은 건축 전시 전용으로 제안했는데, 이제는 건축도 국립현대미술관에서 다루는 한 분야가 됐기 때문이다. 개관전에는 「미술관의 탄생_국립현대미술관 서울관 건립기록」이 개최되어 건립 과정을 담은 시청각 작품 백칠십여 점이 전시되었다. 이 외에도 미술관마당에서 열렸던 「젊은 건축가 프로그램」의 아카이브 전시가 진행되는 등 가능성은 남아 있다. 이곳은 천장고가 낮고 항온항습 장치와 같은 설비나 조명이 국제 기준을 충족하지 못해서 전시실로서의 역할은 약하지만, 서울박스라는 홀 공간이 전시실로 작동하여 전체적인 운영 면적이 설계 당시의 프로그램과 유사한 것은 다행스러운 일이다.

1층 서울박스에서 올려다본 8전시실의 창. 기무사 사령관실의 창을 재현한 것이다.

선형 미술관의 유산, 로비홀

로비홀은 미술관마당에서 전시동으로의 진입로 역할을 하지만 옛 기무사 본관과 서울박스를 연결하는 역할도 하고 있다. 선형의 로비홀은 미술의 세계로 들어가는 여정을 의도한 곳이다. 이 길에서는 또한 종친부 옥첩당이 보인다. 종친부를 생각하면 이 진입은 역사의 세계로 들어가는 것과 같다. 신전형 미술관의 폐쇄적인 수직적 진입은 대중의 접근을 어렵게 만들기 때문에, 서울관에서는 그 대신 자신도 모르는 사이에 예술의 세계로 진입하는 수평적인 여정을 만들어야 했다.

우선 충분한 높이의 공간을 설정하고 상부에는 성당의 네이브처럼 어둠을 담았는데, 미술관마당 쪽은 기둥 없이 열어 주어 밝은 햇빛을 풍족하게 받는 마당을 바라보는 객석이 되도록 했다. 맞은편 사무동 쪽은 큰 벽을 만들었다. 로비에 진입하여 가장 먼저 경험하게 될 벽면은 이곳 터파기 공사에서 나온 흙이 포함된 흙다짐벽으로 설계했다. 지층에서 기단이나 도자기 파편 같은 일부 유물이 나오긴 했지만, 원형을 유지하고 있지 않아 가치를 인정받지 못했다. 차질 없이 개관 일정을 맞출 수 있어 다행이었지만, 한편으로는 실망스러웠다. 지층은 백 년에 몇 센티미터씩 쌓여 간다고 한다. 서울관의 지층에는 조선시대 지층도 있고 삼국시대 지층도 있다. 우리는 지층의 흙을 모아 로비홀 벽에 새로운 지층을 다지고 쌓아 올리는 '작품'을 계획했다. 건축 마감 공사가 막바지에 이르렀을 때 흙다짐벽 공사를 했으나 발생된 크랙의 안전성을 우려하여 개관 직전 철거되었고 현재의 백색 벽으로 남게 되었다.

전시의 연장, 수장고

지하 1층 서쪽에는 수장고가 위치한다. 배치도에서 보자면 수장고는 서울박스와 전시박스 사이에 있다. 5전시실이

예술의 세계로 진입하는 여정의 로비홀. 정면의 종친부 옥첩당을 강조하기 위해 어둠을 담았고, 이와 대비되도록 두 개의 천창으로 빛을 유입시켰다.

1층 로비에 남은 장소특정적 전시실의 흔적. 정면에 벽돌 외관이 내부화된 모습이, 왼쪽에 원계획인 지층에서 나온 토양으로 다진 흙벽이 보인다. 2013. 6.

서울박스에서 전시박스까지 연결되듯 수장고도 서울박스에서 전시박스까지 연결된다. 즉, 각 전시실로 작품이 이동하기 좋은 위치이다. 문화재 심의의 결과로 전시실이 부족해졌을 때 수장고 위치에 전시실을 만들자는 대안이 나오기도 했다. 과천관에 이미 넉넉한 수장고가 있으니 서울관은 최소화해도 되겠다는 판단에서였다. 공모전의 핵심이 무한 성장 박물관의 안티테제였고, 현대 미술관에서는 수장고를 계속 확장하기보다는 최소화하는 것이 운영에 효율적이기 때문이다. 어느 미술관이나 하역장 혹은 수장고에 가 보면 작품들이 정리되지 않은 채 널려 있다. 이 공간들을 샤울라거처럼 효율적으로 사용한다면 상당한 면적이 절약될 수 있었다. 생각해 보면 서울관의 수장고를 폐쇄형으로 만들 이유가 없었다. 서울박스에 인접시킨 것도 이런 이유로 개방화를 고려했기 때문이다.

우리나라에도 샤울라거처럼 수장고를 공개하는 미술관이나 박물관이 많아지고 있는데, 국립현대미술관도 2018년 청주관을 개방형 수장고로 개관했다. 미술관이 보물창고의 역할을 하지 않고, 관람객에게 공개되는 것이 중요한 요즘, 수장고와 하역장은 압축적이고 효율적으로 계획되어야 한다. 수장고 내부는 큰 복도로 연결되어 있어서 출입구를 열면 전시박스의 빛이 깊이 들어온다. 개관전에서 수장고의 문을 처음이자 마지막으로 개방했던 순간이 가장 아쉽고도 좋은 기억으로 남아 있다.

6

군도형 미술관:
선형에서 그물망으로

하임 스타인바흐(Haim Steinbach)는 1980년대를 회고하며 이렇게 말했다. "나는 이 시대를 군도(群島, archipelago)와 같다고 생각합니다. 각기 다른 섬에서 각기 다른 일들이 벌어지고 있는 것이지요. 이들은 동시다발적으로 진행되기는 해도 항상 같은 방향을 향하고 있지는 않습니다."[39] 이는 비단 1980년대뿐 아니라 현대미술 전체에 해당한다.
—진 로버트슨(Jin Robertson), 크레이그 맥대니얼(Craig McDaniel)[40]

느슨한 집합체

군도는 무리를 이루면서도 독립적으로 흩어져 있는 섬들을 가리킨다. 여기서 바다는 섬들을 단절시키는 동시에 연결하는 매개체이며, 각각의 섬들은 직접 연결되어 있지 않을지라도 군도라는 일련의 집합체로 인식된다. 전시실들을 무리 지어 있는 섬으로 본다면, 전시실이 아닌 공간들은 이들을 연결하는 바다라 할 수 있을 것이다. 이 개념이 확장되면 수많은 조합 방식이 생성되고 그 각각에 따라 바다로 분류할 수 있는 나머지 공간인 공공 영역도 달라진다. 이 조합 방식은 공간을 사용하면서 결정되며, 따라서 건축은 관람객이 참여할 여지를 남겨 둔 느슨한 배열이 된다. 이 배열 속에서 새로운 미술의 창작 행위와 그에 대한 관람 행위가 한 공간에 결합되고, 참여가 만들어내는 의미가 다시 생성된다. 이러한 공간들은 전시마다 가변적이며, 때로는 작가와 관람객에 의해 즉흥적으로 기능이 만들어지기도 한다.

공모전에서 서울관을 정의한 개념 중 하나인 '군도형 미술관(archipelago museum)'은 이러한 맥락에서 만들어졌다. 구성은 하나의 인과관계로 수렴되지 않는 현대미술의 경향을 상징하고 은유한다. 또한 도시공간에서 그 경향을 실현시키는 건축적 시스템으로서, 생존 작가들의 작품을 중심으로 한 동시대

개관을 준비하며 구성한 전시실 다이어그램.
서울박스와 전시박스를 중심으로 빛 환경이 서로 다른 실들의 배열은
군도형 미술관의 개념을 잘 보여준다.

미술관 전시에서 어떻게 이들을 줄 세울 것인가에 대한 현실적인 해결책이 되어 주기도 한다.

전시실과 공용공간의 관계는 미술관의 외부 공간으로 확장된다. 서울관 배치에서 건물은 섬으로, 마당과 정원, 길은 바다로 분류해 기능이 있는 건축과 고정된 기능이 없는 외부 공간의 배열도 느슨하도록 했다. 미술을 즐기는 관람객의 입장에서도 작동하고 외부 공간, 문화재 등을 즐기는 산책자의 입장에서도 무리가 없도록 계획된 서울관은 서로 다른 층위의 공간이 적층되어 있다고 말할 수 있다. 다수의 체계가 한 공간에 존재하는 목적은 미술에 관심이 없는 일반 산책자들도 관람객이 되는 기회를 제공하기 위함이다. 공간의 적층은 시간의 중첩으로 확장된다. '전시실에 담긴 현재와 미래' 그리고 '종친부와 기무사의 과거'가 중첩되어 있다. 누군가에게는 미술관만이 의미가 있고, 또 다른 누군가에게는 옛 기무사의 근대사 혹은 종친부와 조선시대만이 의미가 있을 수 있다. 내부와 외부를 군도형 관계로 엮으면 시민의 참여가 가능해진다. 대지와 미술관 기능이

가지고 있는 단편적인 역사와 문화의 층들을 조합하면, 다원적인 의미들이 생성된다.

'군도형 미술관'이란 이처럼 미술관과 이웃, 마당과 미술관, 전시실과 네트워크형 동선, 기능이 부여된 고정된 전시실과 기능이 가변적인 공간이 각자의 층위에서 공존하며 사용자의 참여에 의해 새로운 의미를 만들어내는 시스템이다. 미술관은 그 건축공간 배열의 변화에 따른 가능성들을 실험하며, 구체적인 용도와 사용법은 건축의 단단한 뼈대와 시스템 속에 진화해 간다.

그러나 도시공간의 차원에서 보면, 이러한 공간 구성은 아주 특별한 것은 아니다. 사람들이 오랜 시간 모여 살며 자연스럽게 형성된 '마을'은 동서양을 막론하고 이같은 공간과 시간의 적층과 느슨함이 공존한다. 하나의 건축물이라기보다는 마을에 가까운 군도형 미술관은 우리가 '건축가 없는 건축'이라고 부르는, 양식화 또는 제도화되지 않은 '자연 발생적'인 건축과 마을의 구조를 인용한다. 즉 군도형 미술관은 옛 마을의 자연스러움을 현대적인 건축 시스템 내에서 재현한 것이다.

군도형 미술관의 원형은 독일 노이스에 위치한 인젤홈브로이히미술관으로, 약 칠만오천 평 습지에 건축, 예술품, 자연이 결합된 하나의 미술관 섬이다. 나토 미사일 기지가 위치했던 부지를 미술품 컬렉터인 칼 하인리히 뮐러(Karl Heinrich Müller)가 사들이면서 조성되었다. 지역 예술가와 건축가를 지원하려는 의도에 따라 조경가 베른하르트 코르테(Bernhard Korte)가 오래된 정원을 복원하고 조각가 에르빈 헤리히(Erwin Heerich)가 1982년부터 1994년까지 열한 개의 전시관을 건축했다. 전시관들은 조형성이 강조된 벽돌 건물로, 한 변의 크기가 9미터가 채 되지 않는 작은 규모를 갖고 있다. 건축가는 하나의 건물이 하나의 전시실이 되는 파빌리온 형식의 전시관들을 계획함으로써, 이곳을 미술관이라기보다 작가들의 작업실을 숲에 흩뿌려 놓은 것처럼 보이게 했다.

그중 예각이 강조된 '복족류'라는 의미의 슈네케(Schnecke)와 두 개의 육면체를 겹쳐 놓은 탑 형태의 튜름(Turm)이라는 전시관은 건축물보다는 하나의 조각 작품으로 보인다. '미로'라는 의미의 라비린트(Labyrinth) 전시관은 캄보디아 크메르의 불교 조각품들과 고트하르트 그라우브너(Gotthard Graubner)의 회화를 함께 전시하고 있으며, 장 포트리에(Jean Fautrier)의 그림들과 그리스 코린트의 미술품을 배치해 원시 문명과 현대미술을 동시적으로 보여준다. 마치 콜룸바미술관에서 시간의 차이를 가진 같은 주제의 전시처럼 시간뿐 아니라 공간도 주제도 다르다. 니콜라스 세로타의 말대로, 의미의 해석과 비교가 일어나고 아무 설명이나 도슨트도 없기에 모든 것은 관람객의 몫이다.

공원 속의 오솔길을 걷다 보면 조형성이 강조된 붉은 벽돌 건물의 전시관 하나하나를 만나게 된다. 건축 자체가 조각이라서 특이한 건물을 만나는 것도 즐겁고, 전시관을 마음대로 선택해 찾아가는 재미도 있다. 카페테리아 건물에서는 이 지역 농촌에서 생산된 유기농 과일과 잼, 채소, 달걀 등으로 식사하며 휴식을 취하고, 레지던시에 입주해 있는 작가의 작업실을 방문할 수 있으며, 야외 공간에서도 전시관처럼 조각들을 만난다. 이처럼 이 미술관의 공원 즉 공공 공간은 규정되지 않은 다양한 성격이 담겨 있어, 전시실의 확장이기도 하고 레지던시의 확장이기도 하고 그냥 공원이기도 하다. 관객에게는 아무런 방해와 구속이 없는 자율의 공간으로, 관람에 방해된다는 이유로 관리인도 두지 않았다. 관장 빌헬름 페졸트(Wilhelm Paezold)는 관객의 자율성이 중요하다고 강조하면서, 개관 이래 한 번도 관리인이 없었지만 사고가 난 적은 없었다고 관람객의 수준을 높이 평가했다.

인젤홈브로이히미술관은 건축가의 개입 없이 자연 발생한 미술관, 즉 미술관의 '원시 오두막(the primitive hut)'과 같다. 이는 십팔세기 프랑스의 건축이론가인 마르크 앙투안 로지에(Marc-Antoine Laugier)가 건축의 근원으로서 제시했던 개념이다. 건축물이 원시의 오두막과 같은 원초적이고 단순한 형태로 돌아가야 한다는 뜻으로, 달리 말해 고고학적인 것이

인젤홈브로이히미술관의 배치도(왼쪽)와 튜름 전시관의 전경(오른쪽).

아니라 '아담의 집' 같이 개념적인 것이라는 말이다.[41] 고정적인 건축 시스템에 익숙한 관점에서는 이런 자율의 공간이 원활히 작동된다는 사실이 새로울 것이다. 인젤홈브로이히미술관은 건축에서 전시공간 자체보다 동선, 보안이나 하역 등을 더 중요하게 생각하고 있는 관례를 깨는 사례이다. 눈에 보이는 형상이 아니라 미술관이 무엇을 하는 공간인지 근본적인 물음에 대한 답을 해 주고, 미술관이 어떻게 작동하는지, 즉 프로그램의 측면에서 본질과 인습에 대한 구분을 하도록 해 주었다.

무엇보다도 서울관을 구성하는 데 자신감을 갖게 해 준 근원이었다. 특히 기능이 부여되지 않은 공간이 인간에게 자율성을 준다는 점에 의미를 두고 외부의 공원을 조성할 수 있었다. 이는 우리가 서울관 내부의 공용공간을 '공원 같은 건축'이라고 설명한 것과 맥을 같이한다. 놀이터가 되기도 하고 공연장이 되기도 하고 행위예술 혹은 작가의 강연이 이루어지기도 하는 자율의 공간이라는 의미이다.

공용공간의 가능성

레미 차우그가 『내가 꿈꾸는 미술관, 또는 일과 사람의 장소』에서

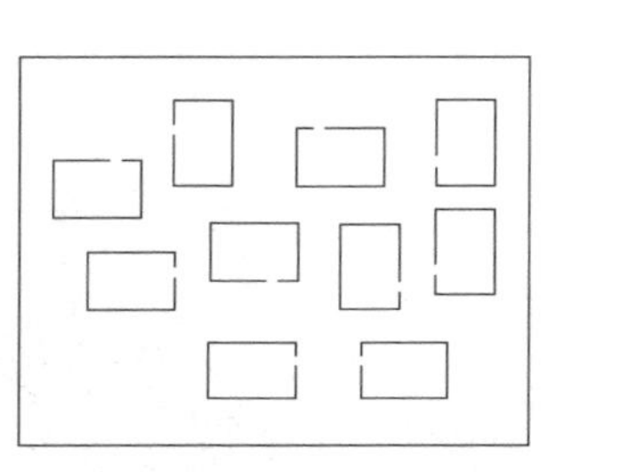

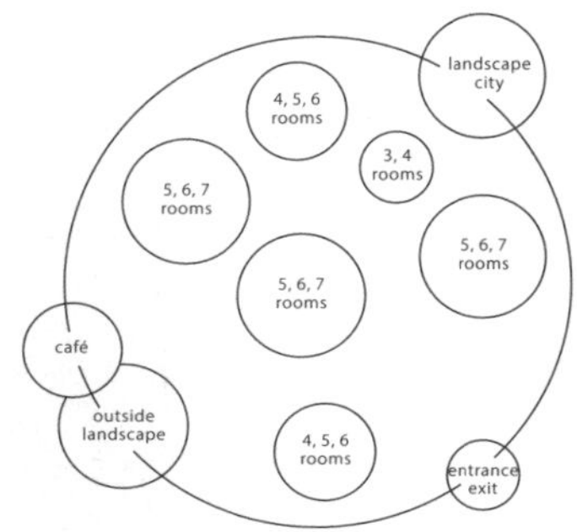

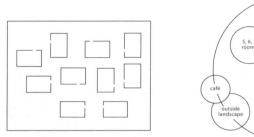

레미 차우그가 제시한 두 개의 미술관 다이어그램.

제시한 두 개의 미술관 다이어그램을 현대 미술관 건축에 중요한 영향을 끼쳤다. 그중 사각형의 다이어그램은 미술관 영역을 의미하는 박스 안에 이상적이라고 간주된 장방형의 전시실들을 무작위로 배치하고, 전시실 입구의 위치를 서로 어긋나게 배열하여 동선의 연결성이 보이지 않도록 한 것이다. 원형의 다이어그램은 독립적인 원형의 전시실들을 조합해 전시실군을 만들고 미술관 출입구 이외에 카페와 조경 공간을 통해서도 진입할 수 있도록 한 것이다. 전시실군 사이의 공간들에서는 주로 관람객들이 전시실과 거리를 둔 채 생각하고, 산책하고, 이야기하거나, 풍경을 볼 수 있는 휴게공간이나 기타의 장소로 이동할 수 있도록 했다.

차우그는 분산된 전시실이 작품이나 전시의 주제에 서로 영향을 주지 않으며, 오히려 관람객들이 강요 없이 돌아다니다가 작품과 직접적으로 만나게 해 준다고 보았다. 이처럼 개별 전시실마다 입구 위치를 다르게 만든다면 권위적인 시스템 없이 작품과 관람객의 자율적인 관계가 만들어진다. 관람객은 일련의 작품이 전시된 배열 속 포로가 되지 않는다.

차우그의 주장은 공용공간에서 일률적인 동선을 먼저 고려해 온 일반적인 미술관 계획에 반대되는 접근이다. 그는 자신이 구상한 이론에서는 공용공간이 비효율적이기 때문에 이론대로 미술관을 건축하기는 어려울 것이라고 말했다. 그가 자신의 구상을 '존재하지 않는 미술관'이라 말하며 책 제목에서 '내가 꿈꾸는 미술관'이라 한 것도, 그 자신이 제안한 미술관이 이상적이지만 실현 가능성은 없다고 생각했기 때문이다. 그러나 이 다이어그램은 미술관 건축에서 혁명적인 변화의 시작이다. 그 꿈은 많은 건축가를 통해 실제로 이루어지고 있다. 레미 차우그 이후 계획된 현대 미술관들에서는 전시실 자체도 발전하고 있지만 공용공간들도 다양하게 진화하고 있기 때문이다. 즉 미술관 건축의 새로운 전형이 만들어지고 있는 것이다.

역공간의 진화

건축 공간의 다이어그램을 게슈탈트 심리학처럼 개별 요소인 전경(figure)과 그 나머지 전체인 배경(ground)으로 구별하여 그렸을 때, 레미 차우그가 제안한 다이어그램에서 분산된 전시실은 전경에 해당하고 동선을 포함한 공용공간은 배경에 해당한다. 이를 군도형 미술관 개념에서 보자면 전시실을 만들고 남은 공간, 즉 바다에 해당하는 공간으로, 역공간(逆空間)이라 명명해 볼 수 있다.

세지마 가즈요의 가나자와 이십일세기미술관은 레미 차우그가 제시한 두 다이어그램의 조합으로 만들어졌다. 평면에서 볼 수 있듯이 원형으로 된 미술관과 사각형으로 구성된 전시실들의 조합이 그것이다. 여기에 더해 미술관의 입출구와 함께 카페로도 진출입이 가능하도록 했다는 점에서도 유사성을 읽을 수 있다. 차우그의 다이어그램에서 비효율적이라고 간주된 공용공간 즉 역공간들은 가능한 한 3미터의 복도 안에 정렬시키고, 짜임새있는 공간 배열로 그 우려를 불식시켰다.

가나자와 이십일세기미술관은 1층 중심으로 이루어져 평면적인 다이어그램에 가깝다. 특히 전시실 높이가 공용공간보다 높게 구성된 단면부 천장 시스템을 발전시킨 사례는 기공/가이어의

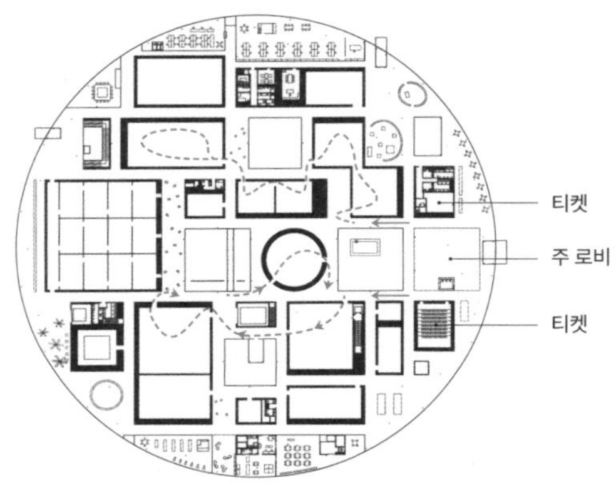

가나자와 이십일세기미술관의 평면도.
일정한 동선이 만들어지도록 전시실과 입출구가 배열되어 있다.

키르히너미술관에서 시작해 브레겐츠미술관에서 발전된 방식이다. 키르히너미술관은 소형 미술관이고 가나자와 이십일세기미술관은 동시에 두세 개의 전시를 기획하는 중대형 미술관이다. 하나의 현대미술 전시에 요구되는 최소 크기가 약 이백오십 평 정도임을 고려한다면, 가나자와 이십일세기미술관 전시실은 각각이 이웃하는 전시실들과 결합되어야 하나의 전시가 가능하다. 이에 따라 전시실의 입출구는 인접하게 연결되어 관람객은 자연스럽게 다음 전시로 향해 가는 동선이 만들어지고 있다. 레미 차우그가 각 방이 하나의 전시를 구성하도록 하고 전시실 간 연결을 없앤 것과는 반대되는 경우이다. 어느 전시 관련 연구 논문에서는 가나자와 이십일세기미술관 동선이 약화되어 있다고 주장하지만, 그것은 전시실의 구성, 즉 건축이 원인이라기보다는 주로 설치 미술과 다원 예술 작품 중심으로 전시되기 때문일 것이다.

데이비드 치퍼필드가 설계한 포크방미술관(Museum Folkwang)도 레미 차우그 제안의 연장선상에 있다. 포괄적으로 보자면 그중 원형의 다이어그램에 가까운데, 몇 개로 분할된 전시실의 단위는 가나자와 이십일세기미술관보다 크다. 전시실

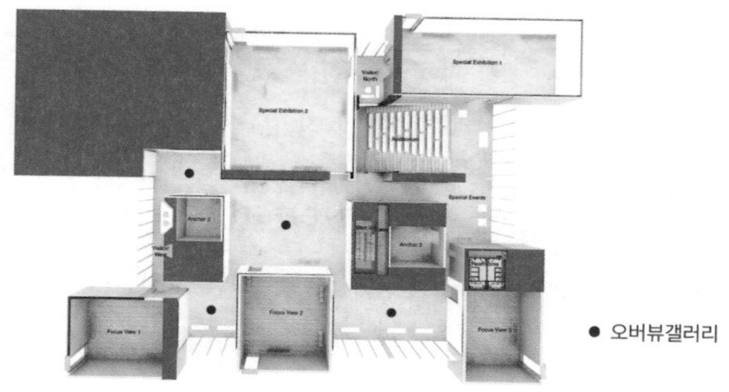

헤르조그 앤드 드 뫼롱의 마이애미아트뮤지엄 계획안.
2층 전시실 사이 빈 공간에 오버뷰갤러리를 배치했다.

사이 역공간에는 녹색의 정원이 배치되어 관람 동선은 정원을 중심으로 회전한다. 전시실 입구들이 정원을 향해 있어 레미 차우그가 비효율적이라고 고민했던 공용공간이 자연의 여유를 품은 넉넉한 휴게공간이 되었다.

마이애미아트뮤지엄(페레즈아트뮤지엄마이애미) 계획안은 보다 흥미로운 제안을 하고 있는데, 관람객의 참여적 성격이 부여되기 시작한 것이다.[42] 현대 미술관의 기능 면에서 가장 독특한 부분은 설계 당시 오버뷰갤러리(Overview Gallery)라는 명칭으로 불린, 전시실 사이 독립된 역공간이다. 대부분의 전시실들이 전시에 집중하고 닫혀 있는 반면 오버뷰갤러리들은 거대한 창이 공원과 만(灣)을 향해 열려 있다. 계획안과 달리 개관 이후의 도면을 보면 다양한 크기의 전시실이 없어지고 비슷한 크기의 일정한 모듈로 변경된 것을 보면 오버뷰갤러리가 건축가의 의도대로 구현되었는지는 확인하기 어렵다. 다만 계획안에서 알 수 있는 것은 의도적으로 역공간을 전시실의 일부로 진화시킨 이 미술관은 그 어느 미술관보다 역공간에 많은 가능성을 담았다는 것이다.

제이의 전시실

우리는 역공간과 관련해 레미 차우그의 이론과 그 이후 미술관들의 경험과 시행착오를 참고하는 동시에 서울관만의 전략을 세웠다. 서울박스나 전시박스와 같이 의도적으로 계획한 공간이나 의도치 않게 여러 심의의 영향을 받은 공간도 역공간의 일부이다. 역공간들은 단순한 동선공간을 넘어 제이의 머무르는 공간들을 만든다. 이들은 전시실에서 전시실로의 이동을 유발하는 전이의 공간이기도 하고, 외부의 풍경을 끌어들이는 차경(借景)의 공간이기도 하다. 이러한 역공간들이 오히려 전혀 새로운 전시실이 될 수 있다고 생각했다.

서울관의 대표적인 역공간은 서울박스이다. 일부 회화 작가들의 시각에서는 서울관 전시실들의 천장고가 높을 수 있지만 서울박스와 4전시실, 5전시실을 제외하고는 5미터 내외의 층고를 가지고 있다. 개관전에서 서도호의 작품을 전시했던 서울박스가 그 이후 주요 전시실처럼 전용되고 있어 전체가 높다고 느끼는 것이다. 서울박스는 전시실로 사용되지 않는 경우 즉흥적으로 머무르는 장소가 되거나 전시실을 분배하는 '인포박스'로 돌아온다.

특히 기대를 많이 한 역공간은 단청홀이다. 지하 1층 서울박스와 전시박스를 연결해 주는 높이 17.2미터, 길이 45미터, 폭 6.9미터의 공간으로, 양쪽 끝은 모두 조도가 밝다. 전시박스 쪽에는 강한 직사광선이 있고 서울박스 쪽에는 흐린 날의 빛이 있다. 단청홀 동쪽에는 5전시실의 거대한 백색 벽면이 있고 서쪽 상부에는 카페에 앉은 사람들이 보인다. 그 뒤로는 미술관마당의 햇살이 카페를 관통해 단청홀로 유입된다. 단청홀 천장에는 일곱 가지 색깔을 선별해 루버를 설치했는데, 이는 2012년 덕수궁관의 「덕수궁 프로젝트」전에 설치된 하지훈의 〈자리〉라는 작품에서 영감을 얻은 것이다. 우리나라 궁궐 건축 내부에 곡면의 금속 광택으로 단청 천장이 거울처럼 비춰지는 작품이 흥미로웠다.

2전시실과 3전시실 사이의 '화이트박스'.
왼쪽 벽을 따라 백남준 비디오아트 작품이 설치되어 있다.

서울박스와 5전시실 사이 역공간에서 진행 중인 리밍웨이의 〈소닉 블로섬〉. 2013.

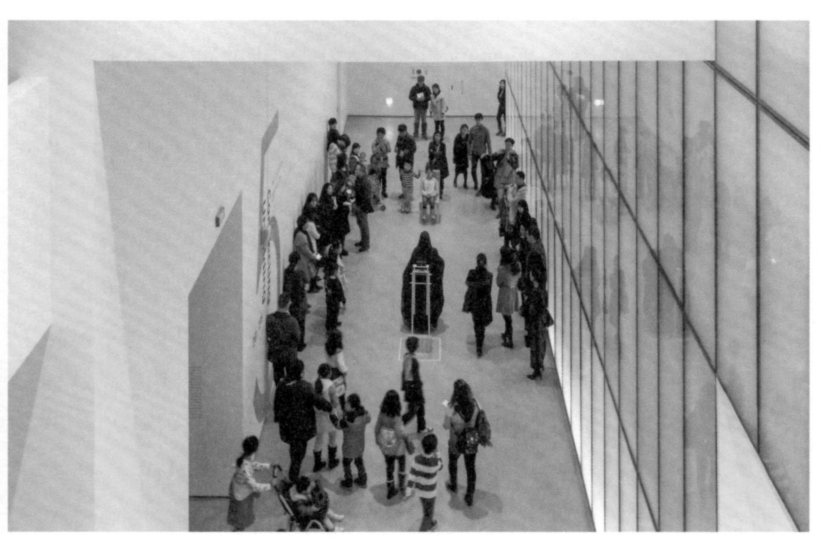

이같은 장소특정적인 작품을 기대하며 색을 넣었다.

전시실 간 주요 동선에 해당하는 단청홀은, 반드시 지나쳐야 하는 연결 통로이지만 선형의 움직임이 발생하는 전시공간이기도 하다. 머무르며 작품에 집중하는 전시실과 다르게 '걷기'를 전제로 하며, 관람객을 움직이게 하고 한끝에서 다른 끝으로 축을 따라가게 한다. 이 공간에서 생성되는 움직임은 곧 시간의 흐름이다. 전략적으로 서울관은 쇼핑을 하듯 지나치는 선형 전시를 반대하지만, 역공간인 단청홀은 그 반대의 가능성을 열어 준다.

개관전에서는 양민하의 〈엇갈린 결, 개입〉이라는 인터랙티브 미디어 작품이 설치되었다. 관람객의 움직임에 영향을 받아 영사의 흐름이 변형되고, 그렇게 변형된 흐름을 축적하여 다시금 달라지는 결의 이미지를 보여주는 작품이었다. 사람들은 자유롭게 그리고 더욱 과감하게 움직였고, 전시공간은 아이들의 놀이터가 되었다. 관리자들은 뛰어다니지 말라고 주의시켰지만, 아이들이 열심히 뛰어다닐수록 작품 속에서 움직이는 물결도 더 커졌고 그럴수록 아이들은 더더욱 열성적으로 뛰었다. 미술관이 박물관 같은 엄숙한 공간이 아니라 놀이터가 되었다는 점에서 카르스텐 횔러의 〈테스트 사이트〉가 연상되기도 했다. 전시박스 쪽으로는 최우람의 〈오페르투스 루눌라 움브라〉가 천장에 매달렸다. 건축 의도와 달리 작가는 여러 색상을 가진 천장이 작품을 설치하기에는 적합하지 않은 배경처럼 여겨졌는지 노란색이 강한 조명으로 천장의 색상이 약화되도록 했다.

십 년이 지난 지금 단청홀은 작가의 공간으로는 적극적으로 쓰이고 있지 않다. 일곱 가지 색의 천장이 전시에 너무 어려운 숙제를 부여한 것이 아닐까 반성하는 부분이다. 단청홀은 아직 그 공간의 숙제를 풀어 줄 재능있는 작가의 탄생을 기다리고 있다.

2전시실과 3전시실 사이의 역공간을 우리는 '화이트박스'라 불렀다. 이 공간은 콜롬바미술관이나 키르히너미술관의 홀을 사용하는 방식에 영향을 받았다. 개관전에서는 벽면에

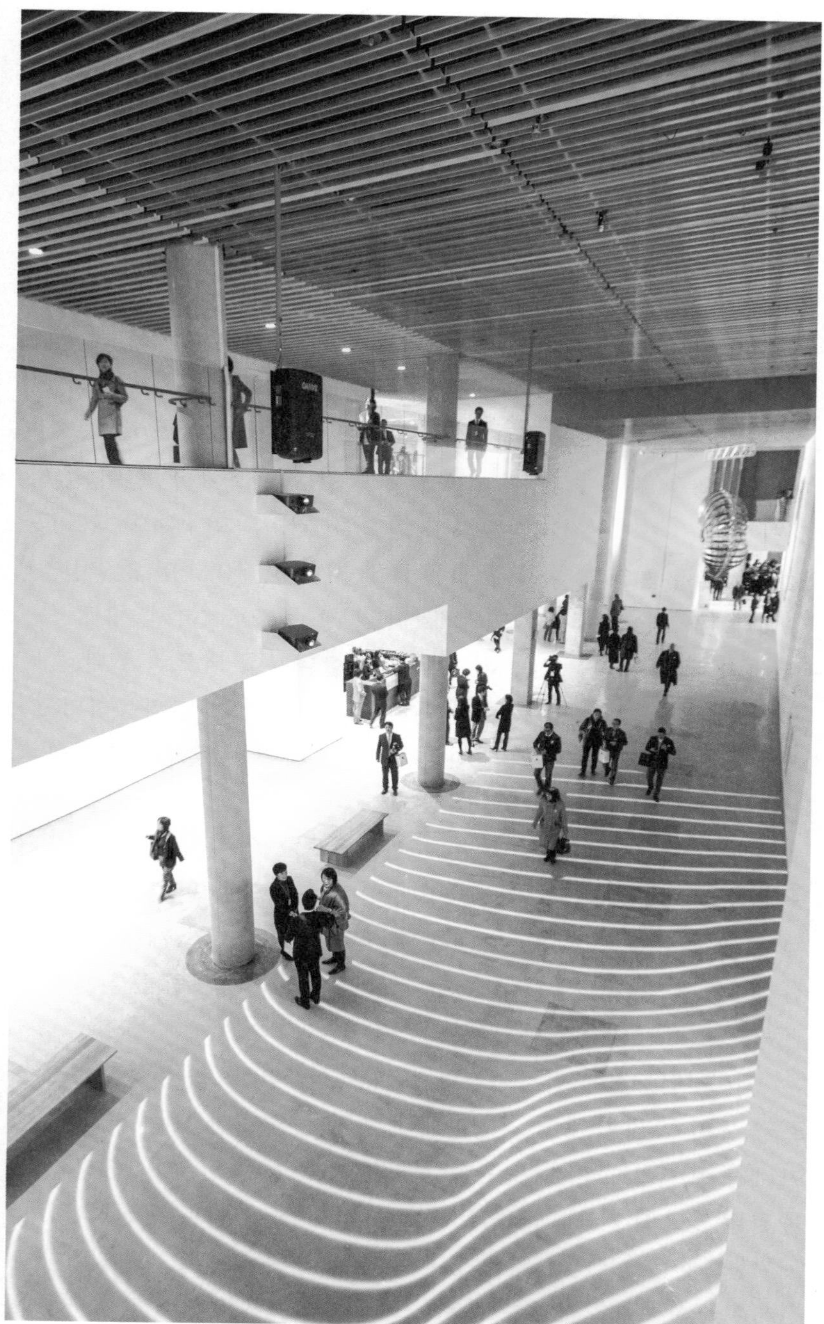

단청홀에 설치된 양민하의 〈엇갈린 결, 개입〉(2013)으로 놀이터가 된 미술관.

안내도를 붙여 미술관의 지도 역할을 하도록 했고, 전시실들보다 상대적으로 어두운 점을 활용해 백남준의 미디어아트 작품이 전시되는가 하면, 행위예술가의 퍼포먼스 무대가 되기도 했다. 서울박스와 5전시실 사이의 역공간도 재미있게 사용되었다. 개관전에서 리밍웨이는 서울관 전체의 음향 환경을 조사한 결과, 이곳의 울림이 가장 심하다는 것을 알아내고 여기에서 슈베르트의 가곡을 불러 주는 행위예술 작품인 〈소닉 블로섬(Sonic Blossom)〉을 실현했다. 이곳에서 이렇게 훌륭한 전시가 발생할 것이라고는 상상하지 못했다.

교육동 2층에 위치한 비술나무홀은 비술나무 방향으로 큰 창이 나 있는 공간으로, 주어진 기능이 없다는 점에서 역공간이다. 강의실들과 워크숍갤러리가 인접해 있어 작가와의 대화나 강의 연계 행사가 열리기에 적절하다. 특히 저녁 시간이라면 인왕산 낙조와 함께 근사한 행사가 될 것이다. 창은 가로 3미터, 세로 5미터의 대형 유리를 사용해 창밖의 비술나무를 담으려 했다. 공사 중 유리업체에서 2.8미터 폭이면 국내에서 제작 가능하다고 해서 20센티미터 폭 유리를 하나 더 넣어 마치 몬드리안의 회화 같이 면 분할된 창호가 만들어졌다.

그밖에 전시박스는 배치상에서 서울박스와 대등하게 보고 중정의 기능을 부여한 역공간이다. 마당들도 일종의 역공간인데, 특히 「젊은 건축가 프로그램」이 열린 이래로 전시가 계속 진행되고 있는 미술관마당은 마치 공공미술의 장처럼 보행자를 관람객으로 만들고 참여를 유도한다.

온습도 조건에 민감하거나 유명한 화가의 작품은 항온항습, 조명 등이 국제 수준에 맞아야 전시가 가능하지만 요즘 작가들은 이러한 전시실보다 새로운 전시공간, 예를 들어 전시실 사이 목 좋은 공간이나 재맥락화된 장소특정적 공간을 더 신선하게 느끼는 듯하다. 역공간의 활용으로 인해 서울관은 고정적인 전시실을 뛰쳐나오는 작가들을 포용하며, 우리가 상상했던 대로 작가와 관람객 간 교류의 장이 되어 가고 있다.

교육동 3층 통로에서 본 비술나무홀 창문의 상부.
몬드리안의 회화를 연상케 하는 프레임에 비술나무가 담겨 있다.

서울관의 공용공간은 세계 어느 미술관보다 유연하게 운영되고 있으며, 자발적으로 작동되고 있다. 여기에 참여하는 작가들의 아이디어도 뛰어나지만, 무엇보다 창의적이고 시민의식이 높은 한국 관람객들은 자율적이고 참여적인 자세가 요구되는 전시에 쉽게 다가선다. 느슨한 건축이 변화무쌍한 현대미술을 위한 인프라가 되어 가고 있다.

네트워크형 동선

네트워크형 동선이란 강제적이고 수동적인 선형의 동선과 대비되는 개념으로, 그물망처럼 여러 갈래로 나뉘어 관람객의 자율에 의지하는 동선을 뜻한다. 선형의 동선에서 질서와 효율이 중요하다면 네트워크형 동선에서는 선택과 참여가 중요하다. 선형의 동선이 작품 전시와 동선을 한 공간에 결합한 개념이라면, 네트워크형 동선은 전시의 독립성과 동선의 자유를 보장한다. 레미 차우그가 제안한 전시실의 무작위 배열이나 헤르조그 앤드 드 뫼롱이 계획안에서 마이애미아트뮤지엄을 정의하는 데 사용했던 용어인 '매트릭스'도 이와 유사하다.[43]

일반적으로 건축의 규모가 커지면 내부는 위계를 가지고 줄기에서 가지가 뻗어 가는 나무 구조와 같은 동선을 갖는다. 이에 따라 건물 입구에서 각 용도의 실을 연결하는, 효율적이고 관리 통제가 용이한 방식을 채택한다. 건축 내 동선의 원리를 도시 가로에 확장해 보면, 계엄령 같은 특수한 상황에 놓여 있다고 볼 수 있을 것이다. 하지만 건강한 도시의 가로는 잔디 뿌리 같은 구조를 띠고 있다. 한 뿌리를 잘라도 다른 뿌리로 연결되듯이 길에는 여러 선택이 있다. 군도형 미술관의 네트워크형 동선은 이러한 도시를 닮았다. 서울관 내부에서도 이 구조가 반복되는데, 하나의 전시실은 하나의 건물이 되고 이를 연결하는 동선공간들은 골목길이 되어 미술관 내부에 작은 도시가 만들어지는 셈이다. 이렇게 만들어진, 작은 도시와 같은 구조에 의해 자율적인 전시 체험이 가능해진다. 즉 앤드류 마르(Andrew Marr)가 제시한 '매직박스'의 가능성을 우리 주변에 널려 있는 도시 구조에서 찾을 수 있는 것이다.

나는 서울관뿐 아니라 모든 설계 작업에서 네트워크형 가로 같은 도시적 속성을 건축에 부여한다. 건축 내에 '산책로'라고 표현하는, 효율적이라기보다는 우회하는 길에 해당한다. 일반적으로 건축의 내부 구조는 처음 방문하는 사람도 쉽게 위치를 찾도록 설계되고, 방문객은 건축물에 부여된 용도에 맞게 행동하도록 교육된다. 그러나 새로 이사 간 마을을 생각해 보면, 처음에는 낯설고 어색하지만 시간이 지남에 따라 자신의 길이 만들어지고 익숙해질수록 더 애정이 가게 된다. 관찰을 통해 인지된 장소가 더 애착을 주는 것이다. 우리는 일회성 방문이 아니라 일상 속에서 자주 찾아지는 미술관을 표방하며 서울관을 계획했다. 사람마다 도시 탐험의 결과로 발견한 자신들의 공간이 다르고 즐기는 방법도 다르듯, 서울관이 도시 같은 건축물이 되었으면 했다. 여기에 더해 서울관의 탐험적인 성격이 주변 삼청동까지 확장되기를 기대했다. 혹은 삼청동의 성격이 서울관의 도시적인 구조 안으로 들어올 수 있을 터였다. 서울관의 개관으로 주변을 포함하여 '보들레르의 산책자(Baudelairean flâneur)'[44]들의 도시가 되는 상상을 했다.

하역과 전시의 통합

관람객은 미술관에서 공개하고 있는 공간만 보게 되지만, 건축가는 미술관 기능을 도와줄 지원공간까지도 이해해야만 한다. 서울관 개관 전 방문했던 과천관의 하역장은 한적했고, 물건들이 여기저기 쌓여 있었다. 일반적으로 건축가들은 미술관 하역장을 물류센터만큼이나 중요하게 생각하는데, 사실 이 둘은 그 원리가 다르다. 물류센터는 하루에도 수없이 이루어지는 물류의 이동을 위해 효율적인 시스템과 넓은 공간이 필요한 반면, 미술관의 하역 업무는 그 빈도가 상대적으로 높지 않기 때문이다. 따라서 미술관에서는 효율성보다 작품의 크기 및 무게와의 상관관계가 중요하다. 과천관을 비롯한 여러 사례를 참고해 보니 엘리베이터 내부 크기나 문의 크기가 일관되지 않은 경우가 많았다. 작품과 전시의 성격에 따라 하역공간의 크기, 동선, 재료는 달라질 수밖에 없다. 서울관은 처음부터 설치와 다원 예술 중심으로 계획되어, 이러한 성격의 작품 및 전시를 지원하는 디지털 장비를 기준으로 설계했다.

서울관에는 3미터의 폭과 5미터 길이를 가진 하역용 엘리베이터가 설치되었다. 전시실 문 높이가 모두 3미터이고, 지하 복도의 높이가 5미터라는 조건에 따른 결정이었다. 따라서 작품의 크기는 3×5미터 이내여야 하고 더 큰 작품은 분해 조립을 해야 한다. 서울관 외부 공간이 주변을 고려해 조용하고 차분하게 배치되었다면, 내부의 지하 전시실은 5미터 높이의 하역 기능을 고려한 결과로 그 크기만으로도 역동적이고 거대한 공간이 될 것이었다.

하역 설계에서 작품 규모 다음으로 중요하게 여긴 것은 동선이었다. 교과서적인 접근법은 하역 동선을 관람 동선과 분리하는 것이다. 이를 통해 전시 관람에 지장이 없는 상태에서 작품 하역과 설치가 이루어질 수 있어야 하기 때문이다. 그러나 여러 미술관을 답사해 본 결과, 대부분 이 방식은 별 의미가 없었다. 슬기롭게 하역은 주로 운영시간 외에 하면 되고, 설치와 전시 준비는 전시실 안에서 문을 닫고 하기에 몇 주가 걸리든 실제 관람객 동선에 영향을 주지 않았다. 그러므로 동선 분리를 위해 공간을 이중으로 낭비할 필요가 없다고 판단했다. 업무공간과 보존 및 수복을 위한 공간, 그리고 수장고에 진입하는 직원 전용 동선 외에는 관람과 하역의 동선을 분리하지 않았다.

하역되는 작품의 성격은 전시실 바닥 재료의 선정과도 연관된다. 지상층에는 가벼운 작품이 주로 설치될 것이기 때문에 목재와 석재 바닥을 택했다. 무거운 작품을 설치하면 버티기 어려운 재료이지만, 관람객들에게 편안함과 안정감을 줄 수 있는 재료이기 때문이다. 반면 지하 전시실과 통로는 비교적 무거운 작품의 이동과 설치를 고려해 콘크리트 구조를 노출시켰다.

편의시설의 실험

동시대 미술관의 아트숍이나 카페, 식당과 같은 편의시설은 미술관 지원 기능을 초월해 미술관의 정체성을 나타내는 중요한 시설이다. 지금은 달라졌지만 한때 포크방미술관의 가장 전면에 있었던 식당 이름은 고흐와 세잔의 이름을 딴 빈센트 앤드 폴(Vincent & Paul)이었다. 이름에서부터 포크방미술관과 인상파 화가를 연결 짓고 테이블, 식탁보에서부터 포크와 나이프, 냅킨의 놓임 하나까지 상업적인 이미지를 부각하기보다는 미술관스러운 분위기를 재현하고 있었다. 테이트모던의 경우 부대시설은 카페 테이트모던, 레스토랑 테이트모던 등의 이름을 갖고 있다. 인테리어는 상업 브랜드를 연상시키지 않는 작가의 작품과 유사한 분위기에서 미술관을 대변할 뿐이다. 이름에서부터 알 수 있듯이 부대시설들은 자신들의 존재감을 드러내기보다는 미술관 관람의 일부임에 충실하다.

서울관 편의시설의 규모는 실시설계 때 결정됐다. 규모의 기준은 과천관이었다. 과천관은 모든 것을 미술관 내에서 해결해야 하는 위치에 비해 내부의 식당과 카페가 부족했다. 이러한 상황을 거울삼아 프로그램을 넉넉하게 준비했다. 그러나 주민들과의 협의 과정에서 과천관과는 주변 상황이 달라 이웃과 어떻게 공생하는지가 중요한 문제라는 것을 깨달았다.

그중 아트숍은 미술관의 주출입구인 옛 기무사 본관 1층에 위치시켰다. 이 건물이 없어도 작동하도록 설계되어 1층은 반(半)외부이자 용도가 비어 있는 공간이었다. 예상보다 대규모의 아트숍이 들어섰지만 계획과 큰 차이는 없었다. 2층에는 식당을 계획했다. 전시 관람과 경복궁 전망을 고려하면 템스강 조망과

실시설계 당시의 휴게공간 계획안 중 미술관마당과 연결되는 왼쪽 부분. 2011. 2.

함께하는 테이트모던의 식당에 비견될 만했다. 그러나 주방 인프라까지 갖춘 이 자리는 국립현대미술관 조직이 변경되면서 사무공간으로 사용되고 있다.

미술관마당에 위치한 휴게공간, 즉 카페는 미술관의 중앙으로서 가장 의미있는 자리이다. 문화재 차원에서는 종친부의 윗마당과 아랫마당의 단차에 맞춰 내삼문과 담장이 있었을 것이라고 추정되며, 배치상에서는 종친부와 미술관 그리고 옛 기무사 본관이 이루는 긴장감으로 중요성을 띤다. 문화재 차원에서뿐만 아니라 미술관 내부 기능상으로도 카페는 주요 혈관들이 만나는 길목인데, 남북 방향으로는 전시동과 교육동을 연결하고, 동서 방향으로는 외부 미술관마당과 내부 단청홀의 분위기를 연결한다. 심지어 지하 전시실의 주요 피난 루트도 이곳에서 만난다. 전체 미술관 기능을 고려해 카페에 '관람 중의 휴식'이라는 중요한 역할을 부여하고 디자인을 바와 테이블로 구성된 열린 형태로 제안해 미술관 내부를 연결하도록 했다.

그러나 그동안 입점 업체가 여러 번 바뀌면서 점점 폐쇄적으로 구성되며 미술관 내부의 연결을 막고 있다. 미술관의

휴게공간 계획안에서 단청홀과 연결되는 오른쪽 부분. 2011. 2.

분위기에 순응해 조화를 이루기보다는 유명 상업 브랜드들이 자신들을 강조하는 간판과 인테리어로 미술관과 경쟁하듯 존재한다. 그로써 전시동과 교육동의 흐름은 단절되고 문화재 공간과의 긴장과 균형이 깨졌다. 개관 당시의 기준, 주민과의 약속, 문화재청과의 협의와는 사뭇 다른 모습으로 변하고 있는 것이다.

군도형 미술관의 개념 자체가 참여와 자율의 느슨함을 주는 것이다. 일부 기능이 의도대로 운영되지 않더라도 전체 미술관이 작동하는 데 큰 영향이 없는 특징을 지닌 것이다. 하지만 현재와 같이 곳곳이 브랜드들의 각축장으로 상업적인 몰(mall)처럼 변해 갈 것인지 아니면 공공 본연의 영역으로 돌아올 것인지는 두고 볼 일이다.

비물질의 디자인

공간 프로그램과 법적 기술적 문제들이 이해되면 다음 단계로 사람들의 움직임, 자연광, 소리 등 비물질적인 요소들을

미술관마당과 단청홀 사이 휴게공간의 준공 당시 모습. 현재는 카페가 위치해 있다.

디자인한다. 일관성있게 디자인을 유지했다고 자부하는 부분은 전시공간, 그중에서도 공간의 빛이다. 특히 서향의 대지인 서울관은 일사가 강해 창의 개수를 적게 내야 하지만, 동시에 적절한 재료 선정으로 빛과 그림자가 도드라지는 외관을 만들 수 있다. 이처럼 서향의 매력을 담은 건축이어야 했다. 또한 많은 공간이 지하에 있는 서울관에서 지상의 자연광을 어떻게 지하에 끌어들이는가의 방법은 중요한 설계 주제였다. 서울박스, 전시박스, 광정, 단청홀, 전시실의 천창들이 그 결과이다. 서울박스와 그 주변은 반투명 유리를 통한 흐린 날의 빛으로 구성되어 있다. 특히 공조 설비를 바닥에 두어 천장을 비우고 빛을 끌어들인 1전시실은 일반인이 자연광임을 알아채기 어려운 정도이다.

외부에서 들어온 빛은 그대로 지하로 스며들어 서울박스를 중심으로 퍼져 나간다. 남쪽에 위치한 광정은 보조적 역할을 한다. 반대편 전시박스로는 강한 자연광이 들어온다. 전시박스는 우물처럼 깊지만 그중 벽의 높이가 가장 낮은 남쪽은 오후 햇살이 충만하다. 국군서울지구병원 응급실을 철거하는 대신 모든 시민의 빛으로 환원시킨 이 장소는 지하 전시실의 가장 어두운 곳에 빛을 넣어 주어 이곳이 지하라는 사실을 잊게 해 준다. 더욱이 주변에는 가장 어두운 블랙박스형 전시실들이 있기에 대비를 이룬다.

이 둘을 연결하는 단청홀은 종친부와 경복궁을 잇는 통경축에 의해 지상과 지하에서 둘로 나뉜 미술관을 연결하는 중요한 공간이다. 카페를 관통하는 서향의 빛이 유입되도록 계획해 전시동에 몰린 사람들을 교육동 쪽으로 유도하도록 했다. 개관전에 설치된 작품을 위해 일부 창을 먹창으로 바꾼 뒤 지금까지 원형으로 회복되지 못하고 있고, 카페 인테리어도 개방적이지 않아 원설계보다 어둡다. 하지만 전시동이 교육동 쪽으로 연결되고 활성화되기 위해서는 관심이 필요한 공간이다. 작가의 의도와 상관없이 이웃 공간에도 연쇄적인 부작용이 생기기 때문에 이처럼 미술관의 빛의 조건을 변경하는 데 민감할

자연광 중심으로 빛의 공간을 만드는 전시박스와 그 주변.

반투명 유리를 통해 빛이 산란해 들어오는 1층 서울박스와 1전시실 사이 통로.

수밖에 없다.

서울관에 쓰인 유리는 모두 저철분 유리이다. 유리 자체가 자신의 존재가 없는 듯한 비물질적 경계를 만들어 주는 재료이며, 저철분 유리는 특히 일반 유리보다 녹색이 적어 맑고 투명한 느낌을 준다. 작가는 작품을 보호하고 밝히는 데 용이한 전시실의 강한 빛이 아닌 일상적인 빛 환경에서 작업을 할 것이다. 관람객들이 이를 그대로 보고 느끼게 하기 위해 전시실에는 맑은 유리가 필요하며, 인공광을 설치하더라도 작품을 보호하는 것이 아닌 작가가 의도한 빛을 최대한 재현하는 역할이라야 한다. 최근에는 에너지 절약 기준을 맞추기 위해 태양열 차단 코팅 유리를 사용하는 경우가 일반적인데, 유리를 외피에 많이 사용한 건물일수록 코팅 색상이 진해질 수밖에 없다. 이 경우 건물 내부에 별도의 조명이 필요해지고 얼굴빛마저도 창백하게 해 전체 공간을 우울하게 만든다. 저철분 유리는 빛을 맑게 통과시켜 주지만, 에너지 절약 기준에 맞추려면 유리 면적을 줄이는 설계 작업이 필요하다. 외벽의 유리창 면적 비율을 낮춘 서울관은 빛을 효과적으로 끌어들이면서도 친환경 최우수 등급을 획득했다.

마당과 동선의 결절점

길은 움직이고 마당은 머무른다. 도시와 건축공간의 기본도 움직이는 공간과 머무르는 공간의 조합이다. 그러나 한편으로 마당은 길의 확장으로, 골목길들이 모여 넓어지면 마당이 되고 더 커지면 광장이 된다. 최근의 많은 미술관 건축이 레미 차우그가 강조한, 개인적으로 집중하며 머무는 전시실에 영향을 받았고, 전시실은 관람객과 작품 간 집중을 요하는 미술관의 주요 공간으로 발전해 왔다. 하지만 그와 동시에 동선으로 분주한 역공간 또한 주요한 전시장으로서 거듭나고 있음은 분명하다.

이런 의미에서 서울관은 다양한 위치와 형태의 역공간이 중요한 역할하는 미술관이 되도록 계획했다. 특히 미술관마당은 대표적인 역공간으로, 관람객들이 모이고 머무르는 동시에 지나가며 흩어지는 동선의 결절점(結節點)이다. 미술관을 박차고 나간 공공미술이 사람들이 모이고 이동하는 장소에 설치되어 자연스러운 참여를 기대하듯 미술관마당에 설치된 작품은 행인을 끌어들이며 관람객의 저변을 넓힌다. 미술관 내부의 서울박스, 단청홀, 로비홀 등도 어느 전시실을 가든 반드시 거쳐야 하는 위치에 있어 전시가 이루어지기에 적합하다. 중요한 것은 동선이 집중되지만 관람객 스스로 선택하는 자율성이 존재한다는 데 있다. 서도호의 〈집 속의 집 속의 집 속의 집 속의 집〉, 레안드로 에를리치의 〈대척점의 항구〉 등의 작품 전시에서 확인했듯이 관람객은 동선을 지시받지 않으며 단지 그 공간 속에서 자유롭게 즐길 뿐이다.

역공간에서 작품이 관람객을 만나는 가장 이상적인 방법은 앤터니 곰리의 '한 사람과 또 다른 사람(One & Other)'(2009)이라는 프로젝트에서 보았다. 조각상이 세워져 있을 법한 도심 광장 한가운데에 시민 한 사람 한 사람이 조각 작품처럼 서 있게 만드는 공공미술로, 미술에 문외한인 사람도 우연히 미술을 접하고 관심을 갖게 되는 하나의 과정이었다. 공원과 같은 잉여의 공간인 서울관 내외부의 역공간에서도 이런 일들이 많이 발생하길 기대하고 있다. 공원은 고도로 분화된 도로 등의 도시시설과 각종 기능 중심의 건축물들과 달리 대중이 가장 자율적으로 행동할 수 있는 공간으로, 도시의 보완적 역할을 하기 때문이다. 건축물에서 이러한 공간이 제대로 작동하는지의 여부는, 단순히 공원처럼 녹지가 많으면 되는 차원이 아니라, 실제로 그 안에서 사람들이 공원에서와 같이 행동하느냐에 달려 있을 것이다. 관람객들이 (공원을 닮으려는) 서울관에서 산책을 통해 작품과 조우하며 작가와의 새로운 관계를 만들어 가기를 바란다.

내가 '결절점'이라 부른 서울관의 여러 공간들은 세계 어느 미술관의 그것보다 대중 참여적으로 작동해 왔다. 느슨한 건축과 그 안의 역동적인 공간 시스템이 변화무쌍한 현대미술을 위한 인프라를 만들며, 이런 관점에서 서울관은 바람직한 동시대 미술관의 조건을 갖추고 있다. 십 년 전까지 폐쇄와 불통을 상징했던 터가 기나긴 논의와 합의의 여정을 거쳐 지금의 모습으로 변모한 것처럼, 또 다른 십 년을 시작할 이곳이 앞으로 얼마나 새로운 예술로, 어떤 다양한 사람들로 채워질지 기대된다.

주(註)

1 다음에서 발췌해 정리함. Spiro Kostof (ed.), *The Architect: Chapters in the History of the Profession*, Berkeley: University of California Press, 2000. p.xvi.

2 이 책에서 다루고 있는 '뮤지엄'은 전시를 위한 건축 유형으로 분류했다. 때에 따라 원어 그대로 읽어 주거나 전시물의 시대가 중요한 유형을 '박물관'으로, 동시대적 작품의 전시 유형에 가까울수록 '미술관' 혹은 '갤러리'로 적었다.

3 Michael Craig-Martin, "Towards Tate Modern," in Frances Morris (ed.), *Tate Modern: The Handbook*, London: Tate Publishing, 2010. pp.45–53.

4 Paul von Naredi-Rainer, *Museum Buildings: A Design Manual*, Basel: Birkhäuser, 2004. p.13.

5 이는 뒤랑이 파리 에콜 폴리테크니크(École Polytechnique)에서 진행했던 건축 강의에서 건축 방법론으로 제시된 것이다. 자세한 내용은 다음을 참고할 것. Jean-Nicolas-Louis Durand, *Précis des leçons d'architecture données a l'École royale polytechnique*, vol. 2, Paris: l'auteur, 1805. pl. 11.

6 Nikolaus Pevsner, *A History of Building Types*, Princeton, N. J.: Princeton University Press, 1976. pp.128–130.

7 Paul von Naredi-Rainer, *Museum Buildings: A Design Manual*, Basel: Birkhäuser, 2004. p.38.

8 박신의, 「문화계획(culural planning)의 관점에서 본 미술관의 새로운 역할 배치」『현대미술관연구』 제16집, 국립현대미술관, 2005. p.62.

9 Calvin Tomkins, *Lives of the Artists*, New York: Henry Holt and Company, 2008. pp.69–95.

10 미디어를 통해 이미지를 공유하는 형태인 '스펙터클'은 미술관의 존립에도 중요한 영향을 미친다. 니콜라 부리오(Nicolas Bourriaud)는 기 드보르(Guy Debord)가 강조한 스펙터클 사회를 언급하며, 현대미술의 의미를 이에 대항하는 작가와 관람객 간의 작은 관계라고 정의한다. 그러나 현대건축은 오히려 스펙터클의 이미지에 더 많은 가능성을 본다. 자세한 내용은 다음을 참고. 기 드보르, 이경숙 옮김, 『스펙타클의 사회』, 현실문화, 1996; 니콜라 부리오, 현지연 옮김, 『관계의 미학』, 미진사, 2011.

11 배순훈, 「21세기 미술관 건축의 방향: 국립현대미술관 신관 건축 중심으로」『한국문화공간건축학회논문집』 통권 제30호. 2010. 6. p.106.

12 유홍준, 「돈화문에서 인정전까지」 『나의 문화유산답사기 9: 서울편 1』, 창비, 2017. pp.126–127.

13 1998년 뉴욕 현대미술관에서 시작된 신진 건축가 발굴 프로젝트. 이후 세계적으로 확장되어 산티아고 컨스트럭토(CONSTRUCTO), 로마 국립이십일세기미술관, 이스탄불 현대미술관(Istanbul Modern)이 국제 네트워크에 참여해 전시를 진행했다. 서울관은 2014년부터 2017년까지 참여했다.

14 제인 제이콥스, 유강은 옮김, 『미국 대도시의 죽음과 삶』, 그린비, 2010. p.53.

15 Nezar AlSayyad, *Consuming Tradition Manufacturing Heritage: Global Norms and Urban Forms in the Age of Tourism*, London: Routledge, 2013 참고.

16 조선시대 역대 선왕의 어보(御寶)와 어진(御眞)을 보관하고 왕과 왕비의 의복을 관리하며 종실제군(宗室諸君) 관련 업무를 담당하던 관서. 십여 개 건물 중 기무사 부지에 남아 있던 경근당과 옥첩당이 1981년 정독도서관으로 강제 이주되었다가 서울관 건립을 위한 발굴조사 과정에서 이 두 건물의 유구를 발견, 2013년 복원 공사를 완료했다. 2021년에는 다른 조선시대 관아건축과 함께 보물로 승격되었다.

17 건축사사무소 엠피아트 컨소시엄의 서울관 2차 공모전 발표문 중에서. 2010. 8.

18 조선 말기의 문신인 한필교는 평생에 걸쳐 자신이 부임했던 관아 열다섯 곳을 화공에게 그리게 했다. 『숙천제아도』는 이를 엮은 화첩으로, 열한번째 그림으로 〈종친부〉가 수록되어 있다. 허경진·김선주·송인호·박정혜, 『숙천제아도』, 민속원, 2012. pp.46–49 참고.

19 자세한 내용은 다음을 참고. 한국건축가협회 편, 『구 기무사 본관의 국립현대미술관 서울관 활용에 대한 타당성 및 방향성 연구』, 문화체육관광부, 2009.

20 배순훈, 국립현대미술관 기공식 인터뷰 중에서. MBN뉴스, 2011. 6. 15.

21 이기옥, 「옛 기무사령부 도면 분석을 통한 건축적 의미 분석」, 한국건축가협회 편, 『구 기무사 본관의 국립현대미술관 서울관 활용에 대한 타당성 및 방향성 연구』, 문화체육관광부, 2009. p.40.

22 국립현대미술관, 「국군기무사령부 본관 보수공사(구 경성의학전문학교 부속의원) 수리보고서」, 국립현대미술관, 2013. p.40.

23 매직박스(The Magic Box)는 앤드류 마르(Andrew Marr)가 작품과 관람객 간의 소통 과정을 마법, 즉 매직이라고 강조하기 위해 사용한 용어이다. 그는 테이트모던의 전시 관람을 퍼즐(puzzle), 질문(question), 딜레마(dilemma)라 표현하고, 관람객을 이에 반응하고 참여하는 것을 목표로 한다는 의미에서 '열정의 빛'이라 불렀다. Andrew Marr, "The Magic Box," in Francies Morris

(ed.), *Tate Modern: The Handbook*, London: Tate Publishing, 2000. pp.14–21; '블랙박스'는 영상, 사운드를 이용한 매체를 전시할 수 있는 암실 공간을 의미한다. 서울관에서는 멀티프로젝트홀(현재의 MMCA다원공간)을 이러한 방식의 공간으로 계획했다. 비교적 최근의 극장 형식으로, 가변성에 목적이 있는 전시에 접근하기에 적합하다.

24 이 책은 베를린을 중심으로 나치가 만든 건물과 냉전시대의 건물 등 정치적 이슈를 가진 건물이 시대가 바뀌면서 강제 철거되고 도시가 변하는 과정을 다룬다. 저자인 브라이언 래드는 그 건물들은 철거해도 역사는 지워지지 않는다고 주장한다. Brian Ladd, *The Ghosts of Berlin: Confronting German History in the Urban Landscape*, Chicago: The University of Chicago Press, 1998.

25 아트선재센터에서 열린 심포지엄 「공공미술: 건축과 참여(Public Art: Architecture and Participation)」 중 피터 젠킨슨의 강연에서. 2009. 3. 27.

26 제인 제이콥스, 유강은 옮김, 『미국 대도시의 죽음과 삶』, 그린비, 2010. pp.246–256.

27 우리나라 사찰에서 법당을 향해 들어가는 두 가지 방식 중 하나로, 누각의 측면으로 돌아 들어가는 것을 뜻한다. 법당 중앙의 축상 진입을 피하는 동아시아 문화와 연결되며, 전통건축에서의 측면의 미학과도 연관 지을 수 있다. 다른 방식은 누하진입(樓下進入)으로, 이는 사찰의 축상으로 진입해 누각의 중앙, 주로 어두운 하부를 통해서 들어가는 것이다.

28 브라이언 오 더허티, 김형숙 옮김, 『하얀 입방체 안에서: 갤러리 공간의 이데올로기』, 시공아트, 2006.

29 앙리 르페브르, 박정자 옮김, 『현대세계의 일상성』, 세계일보, 1990 참고.

30 1999년에 개최된 캐나다 다운스뷰파크 공모전에서는 새로운 개념의 공원 개념이 요구되었으며, 당선작뿐 아니라 참가작들까지 흥미로운 도시공원의 방향을 제시하고 있다. 자세한 내용은 다음을 참고. Julia Czerniak (ed.), *Case: Downsview Park Toronto (Case Series)*, Munich; New York: Prestel Pub, 1999.

31 니꼴라 부리요[니콜라 부리오], 「동존(同存)과 가용성: 펠릭스 곤잘레스-토레스의 이론적 유산」 『관계의 미학』, 미진사, 2011.

32 민현준, 「관객의 동선이 없어요, 스스로 선택하도록 만들었지요」 『중앙일보』, 2013. 7. 25.

33 지그프리드 기디온, 김경준 옮김, 『공간, 시간, 건축』, 스페이스타임, 2013. pp.392–411.

34 '일련', '연속', '집중'을 의미하는 프랑스어. 건축에서는 일련의 방들을 창문이 가까운 위치에 병렬 배열하는 전통적인 방식을 의미한다. 주로 바로크시대의 대저택이나 왕궁에서 볼 수 있다.

35 Nicholas Serota, *Experience or Interpretation: The Dilemma of Museums of Modern Art*, London: Thames and Hudson, 1997; 니콜라스 세로타, 하계훈 옮김, 『큐레이터의 딜레마: 경험인가 해석인가』, 조형교육, 2000.

36 자세한 내용은 퐁피두센터 홈페이지를 참고. https://www.centrepompidou.fr/fr/collection/latelier-brancusi

37 서울관을 설계할 당시에는 독일어판을 참조했으나, 이 책에서 소개된 내용은 영문판을 중심으로 했다. Rémy Zaugg, *Das Kunstmuseum, das ich mir erträume oder Der Ort des Werkes und des Menschen*, Wein: Verlag für moderne Kunst Nürnberg, 1998; *The Art Museum of My Dreams: or A Place for the Work and the Human Being*, London: Sternberg Press, 2013.

38 2012년 9월 국립현대미술관 국제학술회의에서 체코의 프라하국립미술관(Narodni galerie Praha) 관장 블라디미르 뢰젤(Vladimir Rosel)이 이십일세기의 미술관을 정의한 용어. 그는 이를 다양한 이벤트를 통해 관람객을 증대시킬 뿐 아니라 공중을 위한 포럼을 개최하는 '매직박스', 즉 기적의 상자라고 보았다.

39 Haim Steinbach, "Haim Steinbach Talks to Tim Friffin," interview by Tim Griffin, *Artforum*, April 2003. p.230.

40 진 로버트슨 · 크레이그 맥다니엘[맥대니얼], 문혜진 옮김, 『테마 현대미술 노트』, 두성북스, 2011. p.40.

41 Joseph Rykwert, *On Adam's House in Paradise: The Idea of the Primitive Hut in Architectural History*, Cambridge, Ma.: The MIT Press, 1981 참고. 이 책에서 저자는 '원시 오두막'의 이야기를 실증적인 고고학적 발굴보다는 필요, 원칙, 자연, 이성 및 정신 등 일련의 관념으로 분석한다.

42 이를 설계한 헤르조그 앤드 드 뫼롱은 호프만라로슈연구소(F. Hoffmann-La Roche AG Basel), 퓐프 회페(Fünf Höfe München) 등 몇몇 건축설계와 인테리어 전시 디자인에서 레미 차우그와 협업한 적이 있고 둘 다 바젤에서 활동하기에 미술관에 대한 충분한 교류가 있었을 것이라 추정된다.

43 헤르조그 앤드 드 뫼롱은 전시실 배열 방식을 전통적으로 병렬 연결하는 앙필라드(enfilade), 매개공간을 중심으로 한 스위트(suite), 관람객이 자유롭게 이동 가능한 매트릭스(matrix) 등 세 가지로 나누고, 마이애미아트뮤지엄 계획안을 매트릭스형으로 설명한다. Miami Art Museum, *Work in Progress: Herzog & De Meuron's Miami Art Museum*, Miami, Fla.: Miami Art Museum of Dade County Association, Inc., 2007. p.40.

44 건축가 렘 콜하스가 파리 소르본대학 주시외 캠퍼스의 도서관 계획에서 사용했던 용어로, 여기서 '산책자(플라뇌르, flâneur)'는 보들레르가 재정의한

단어에서 가져온 것이다. 이는 단순히 돌아다니는 것이 아니라, 도시를 이해하고 도시의 삶에 참여하며 도시를 묘사할 수 있는 중요한 주체의 의미를 담고 있다. 이를 벤야민이 학술적인 개념으로 발전시켜 '도시적 관찰자'의 의미를 담게 되었으며, 자신이 살아가는 현대 도시와 건축의 디자인에 의해 간접적이면서도 의도치 않게 영향을 받고 변화하는 인간상을 의미한다. O.M.A, Rem Coolhaas and Bruce Mau, *S, M, L, XL*, New York: The Monacelli Press, 1995. pp.1305–1343 참고.

프로젝트 개요 및 세부 도면

- 여기 수록된 세부 도면들은 모두 2013년 6월 준공 시점의 최종 도면으로, 계획안 중 실현되지 못한 일부 영역은 회색으로 표시했다.
- 각 부분 명칭은 준공 당시 프로그램에 따라 적었고, 계획 시점의 명칭을 괄호 안에 병기했다. 2025년 현재 달라진 명칭은 생략했다.

프로젝트 개요

프로젝트명	국립현대미술관 서울
용도	문화 및 집회시설
설계	건축사사무소 엠피아트 컨소시엄
설계담당	건축사사무소 엠피아트, 시아플랜, 플라
위치	서울시 종로구 소격동 165 외 4필지
높이	12m
대지면적	27,264.37m²(8,247평)
연면적	52,101.38m²(15,760평)
건폐율	41.06%
용적률	70.34%
규모	지상3층, 지하3층
구조	철근콘크리트조, 철골조, 철골트러스조
외부마감	테라코타 패널, 화강석, 펀칭 메탈
시공	GS건설 컨소시엄
건설사업관리(CM)	한미글로벌 컨소시엄
구조설계	동양구조안전기술, 아이맥스트럭처
기계설계	삼신설계
전기설계	대일이엔씨기술
조경	동심원조경
인테리어	꼬뮤 A.I
경관조명	메버릭스
전시조명	뉴라이트
설계기간	2010. 8.–2011. 8.
시공기간	2011. 12.–2013. 6.
준공	2013. 6.
건축주	문화체육관광부, 국립현대미술관
자료제공	건축사사무소 엠피아트

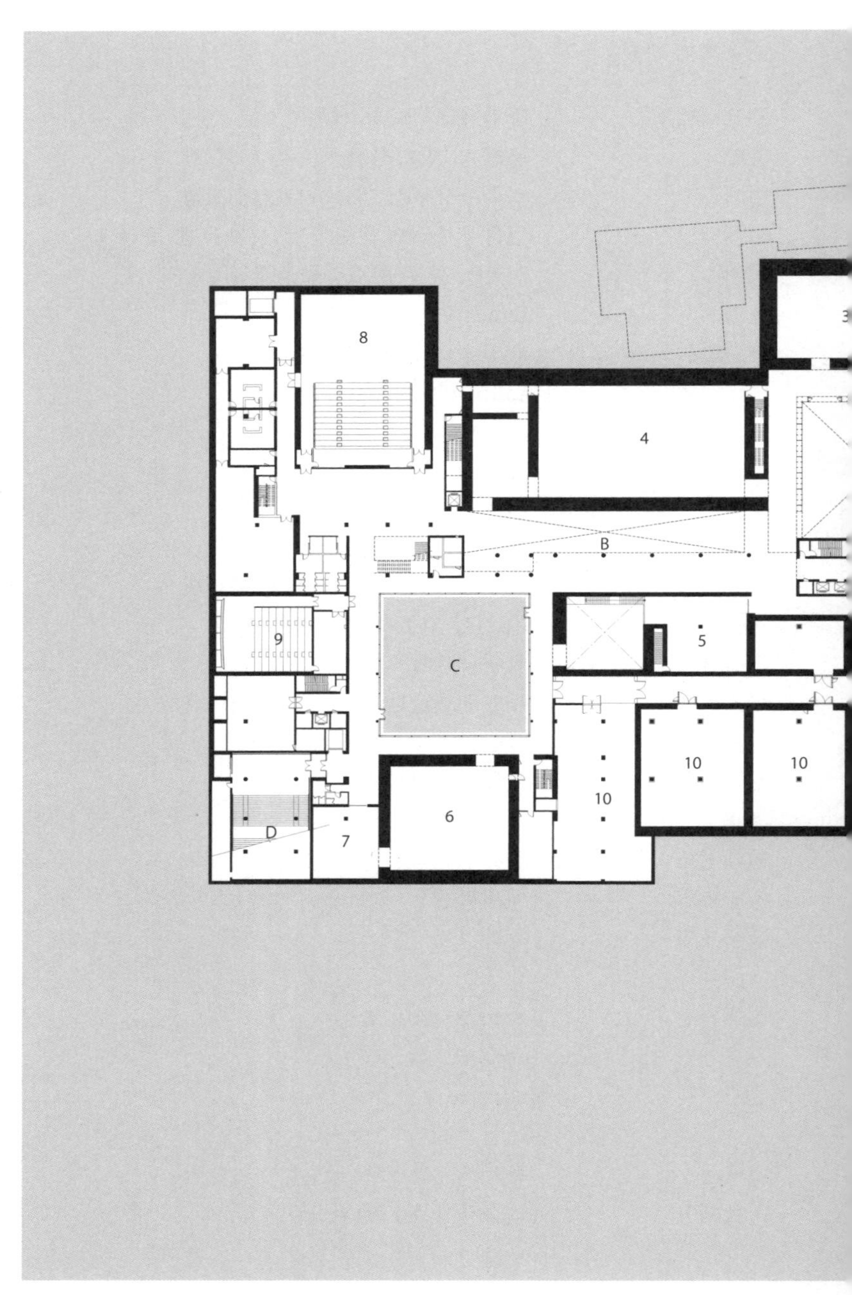

지하1층 평면도.

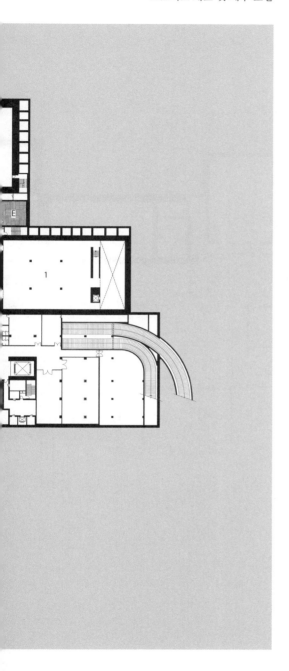

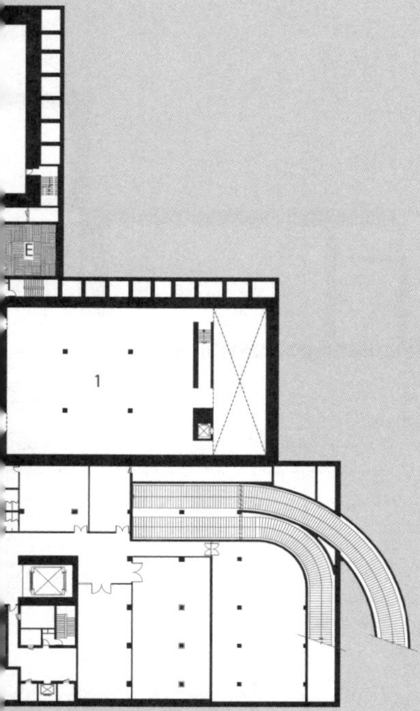

A 서울박스
B 단청홀
C 전시마당(전시박스)
D 계단박스
E 광정

1 2전시실
2 3전시실
3 4전시실
4 5전시실
5 6전시실
6 7전시실(프로젝트갤러리)
7 미디어랩
8 멀티프로젝트홀
9 영화관
10 수장고

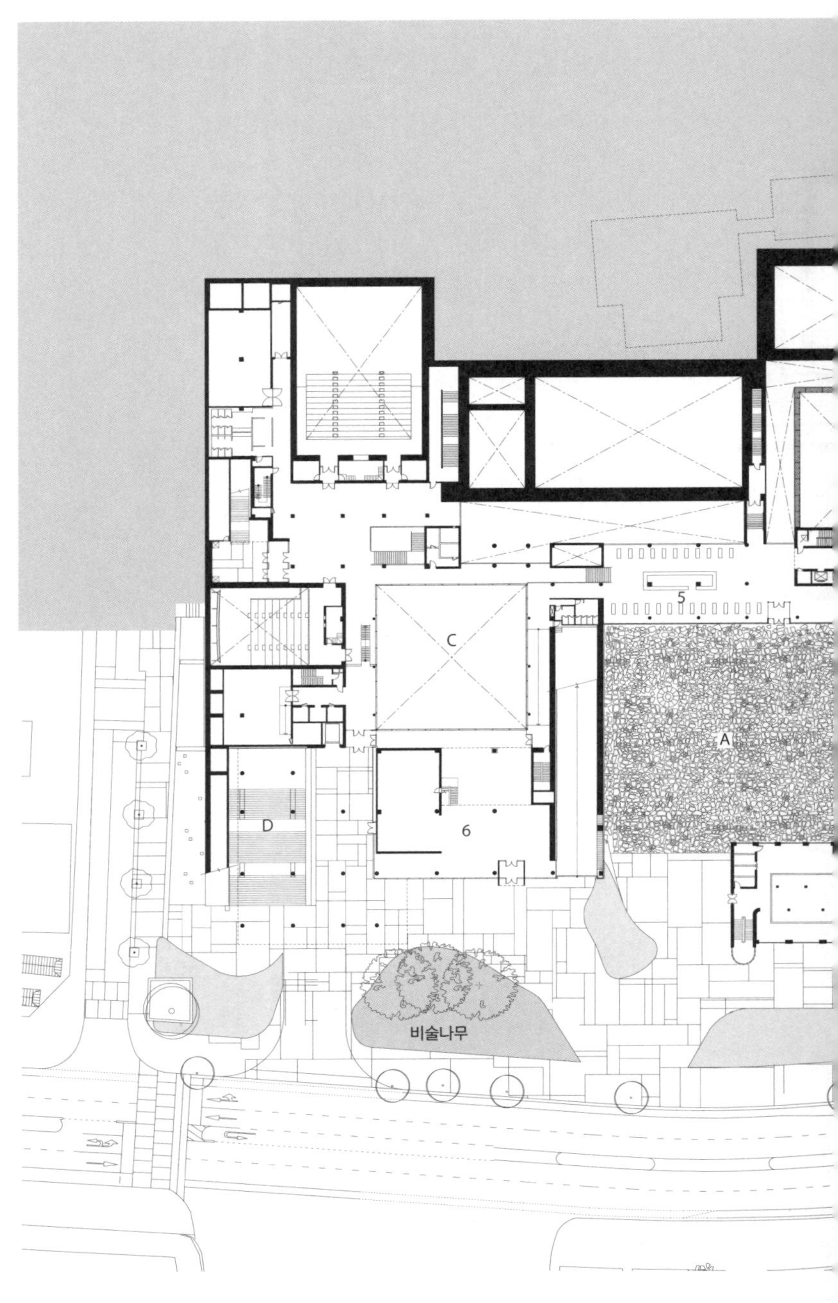

1층 평면도.

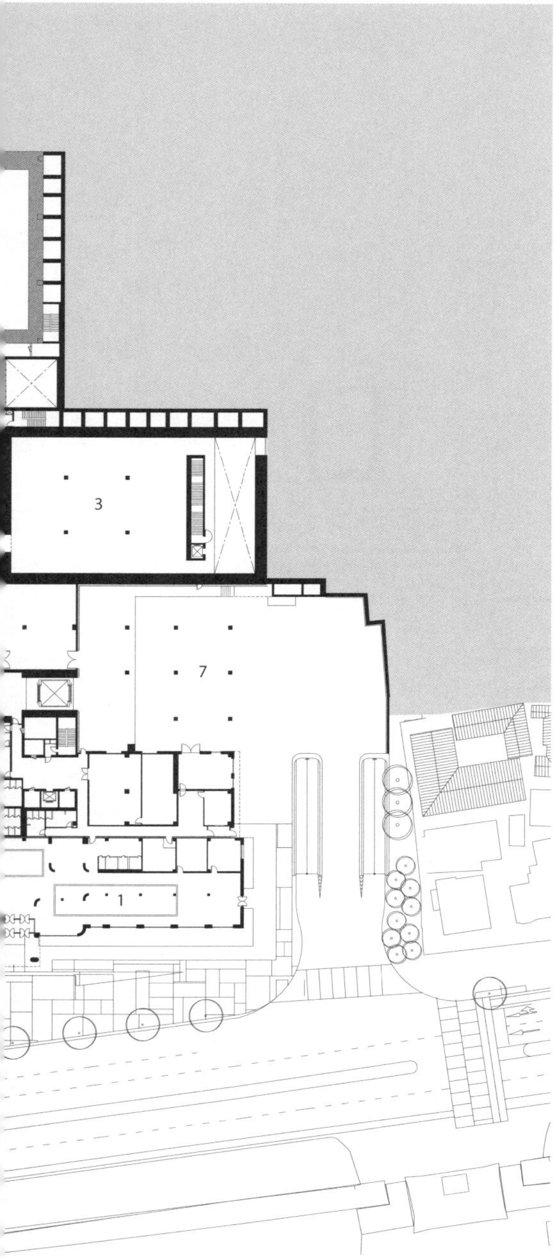

A 미술관마당
B 서울박스
C 전시마당(전시박스)
D 계단박스

1 뮤지엄숍
2 로비
3 1전시실
4 제로전시실(미시공)
5 카페테리아
6 식당(워크숍갤러리)
7 하역장

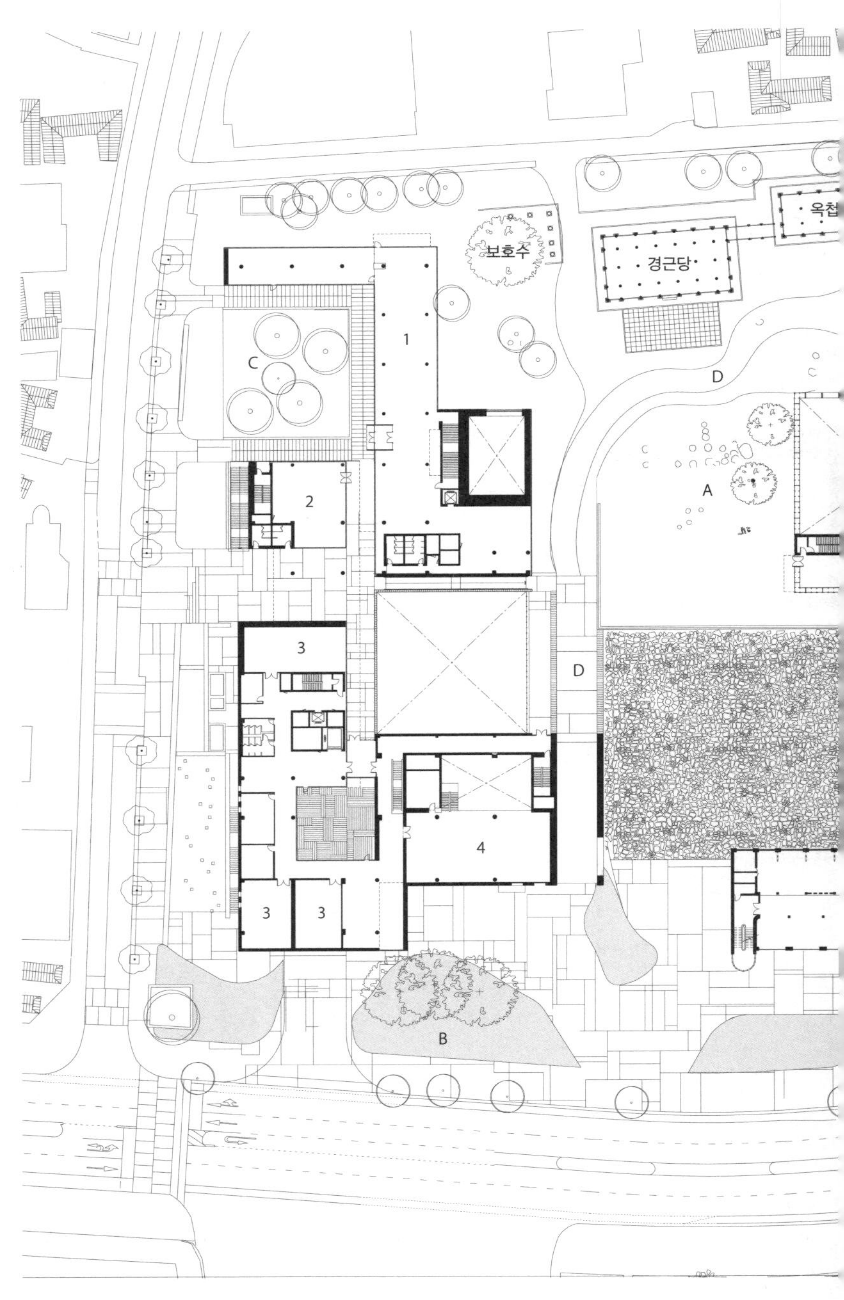

2층 평면도.

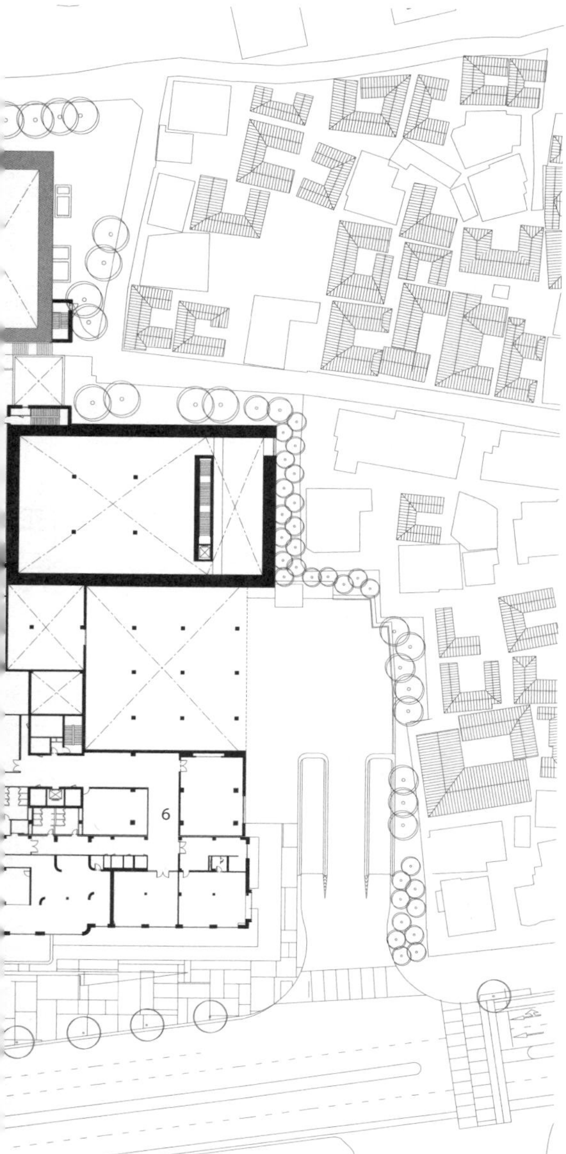

6

A 종친부마당
B 열린마당(비술나무마당)
C 도서관마당
D 공중보행로

1 디지털도서관
2 북카페
3 강의실
4 1작업실(워크숍갤러리)
5 8전시실
6 사무실(식당)

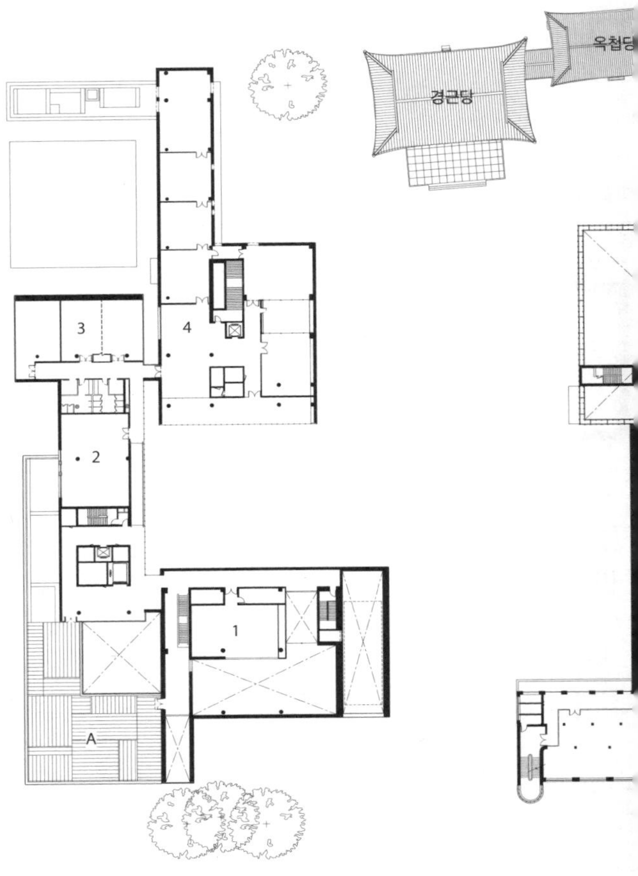

3층 평면도.

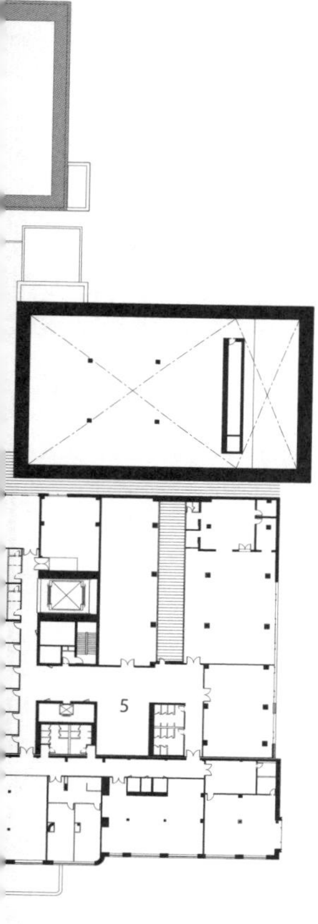

A 경복궁마당

1 2작업실(워크숍갤러리)
2 멤버십라운지
3 세미나실
4 디지털아카이브
5 사무실

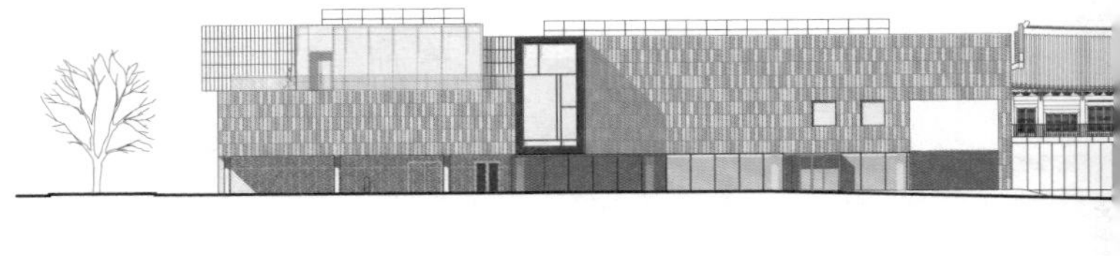

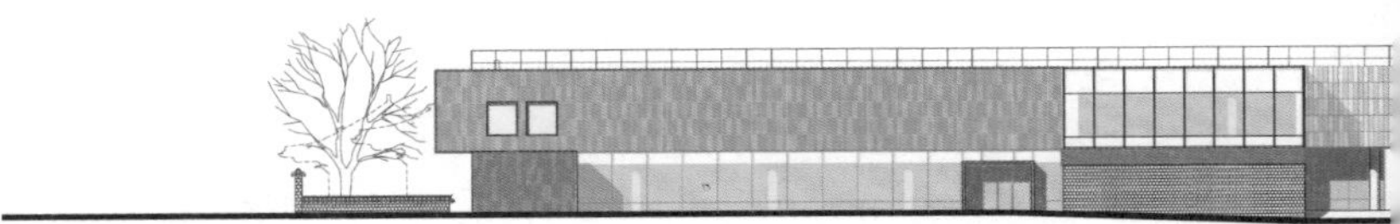

서쪽 입면도(위)와 북쪽 입면도(아래).

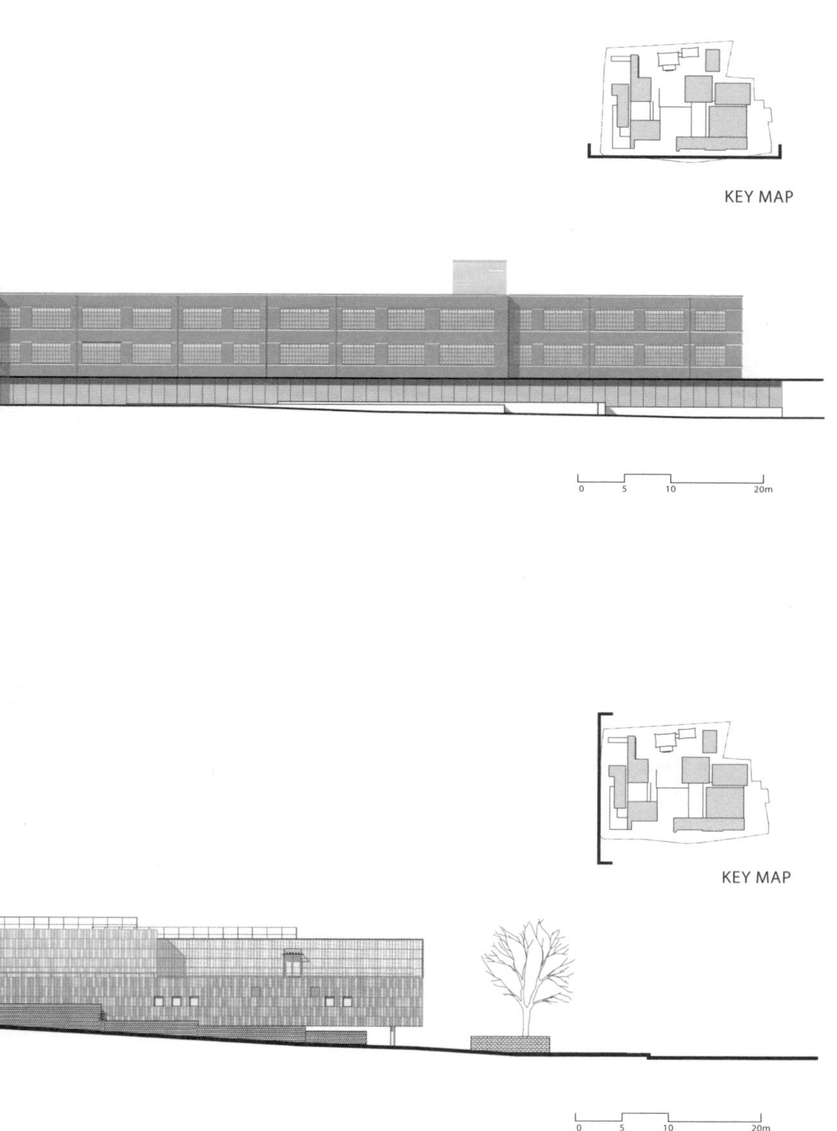
KEY MAP
0
5
10
20m
KEY MAP
0
5
10
20m

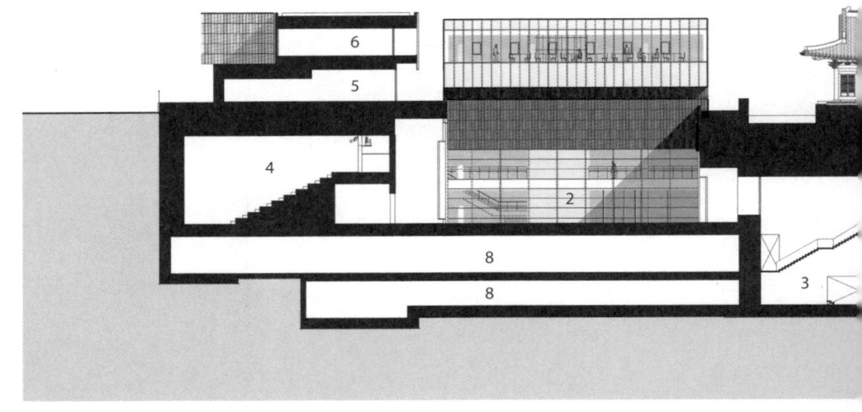

횡단면도.

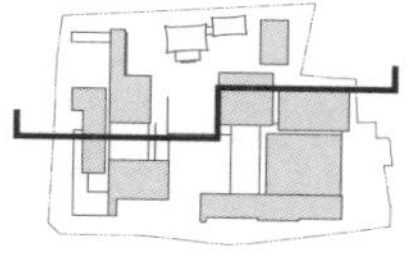

KEY MAP

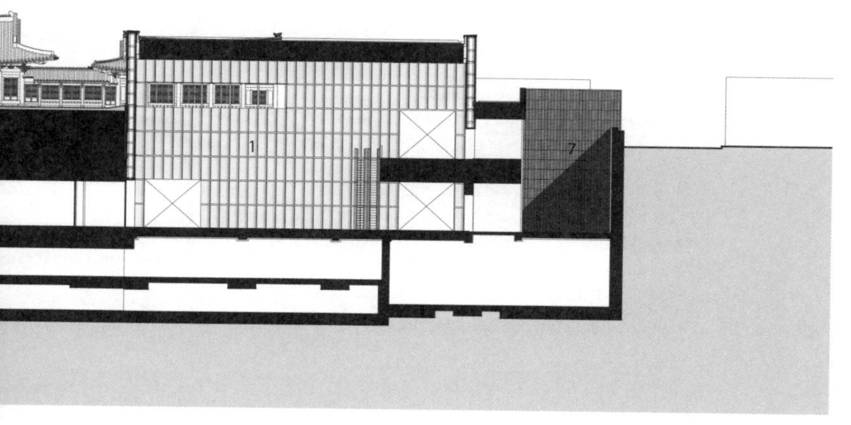

1 서울박스
2 전시마당(전시박스)
3 6전시실
4 영화관
5 강의실
6 멤버십라운지
7 광정
8 지하주차장

종단면도.

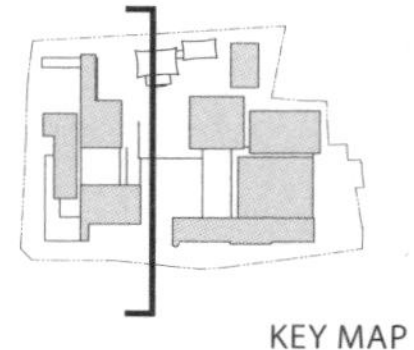

1 카페테리아
2 단청홀
3 5전시실
4 6전시실
5 수장고
6 지하주차장

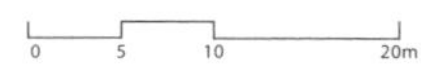

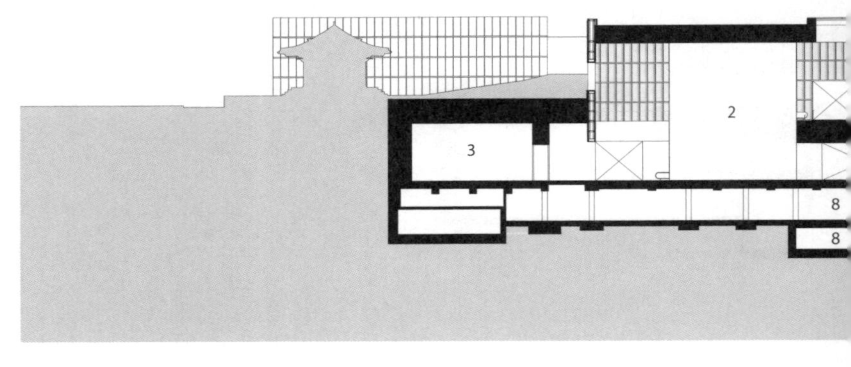

종단면도.

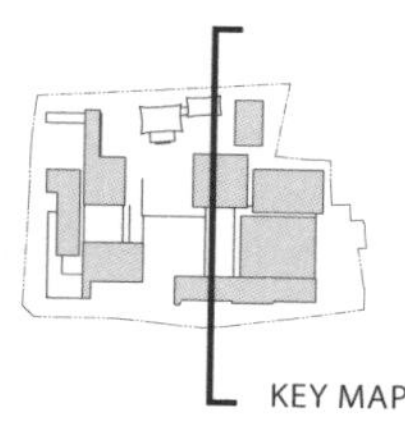

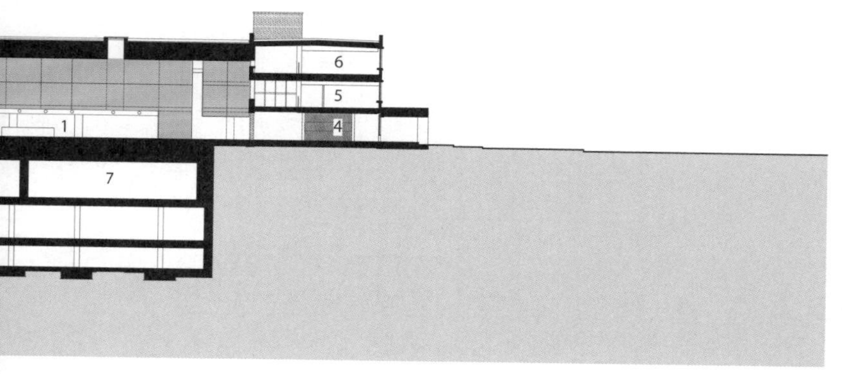

1 로비
2 서울박스
3 4전시실
4 뮤지엄숍
5 사무실(식당)
6 사무실
7 수장고
8 지하주차장

0 5 10 20m

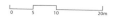

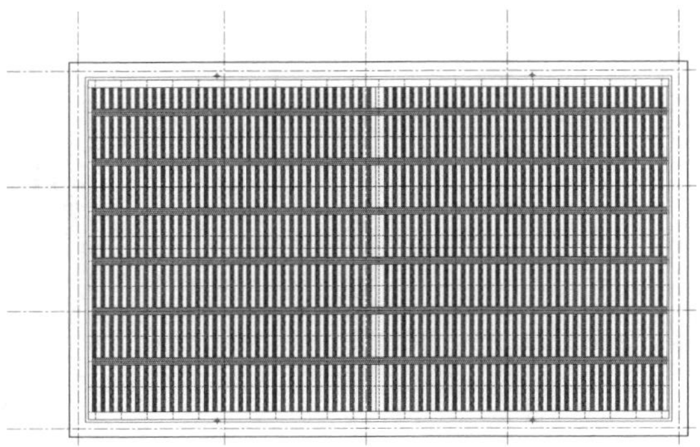

알루미늄 루버 및 태양광 발전 시스템

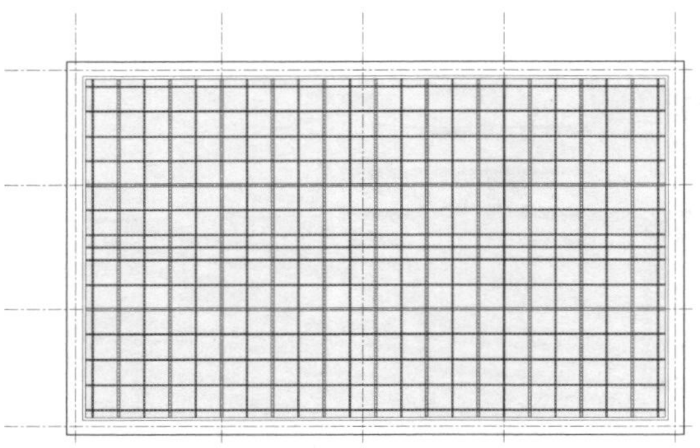

단열 복층 유리

1전시실과 2전시실의 천장 시스템.

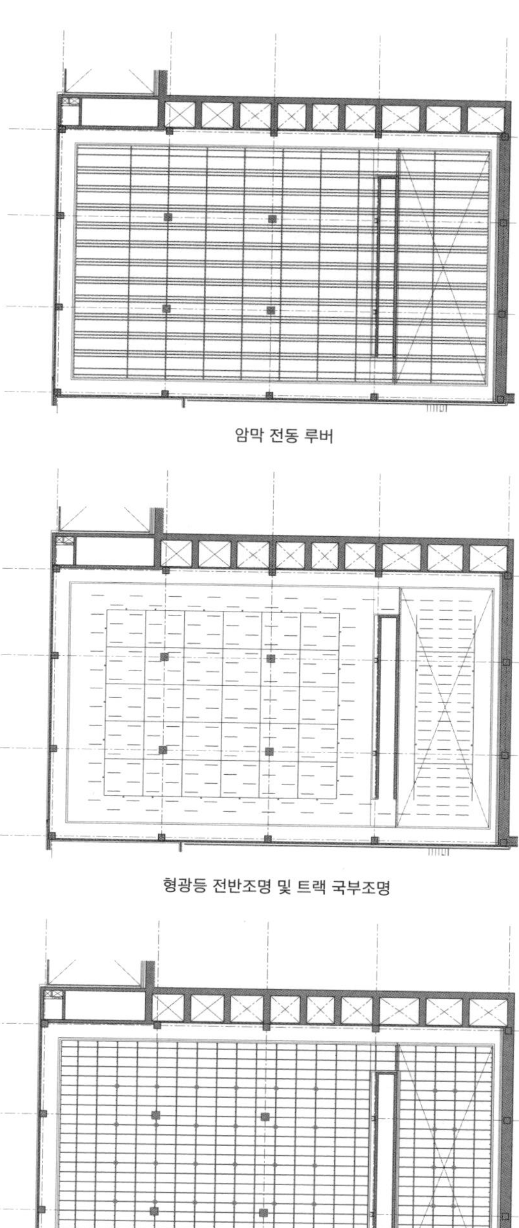

암막 전동 루버

형광등 전반조명 및 트랙 국부조명

익스펜디드 메탈 천장재

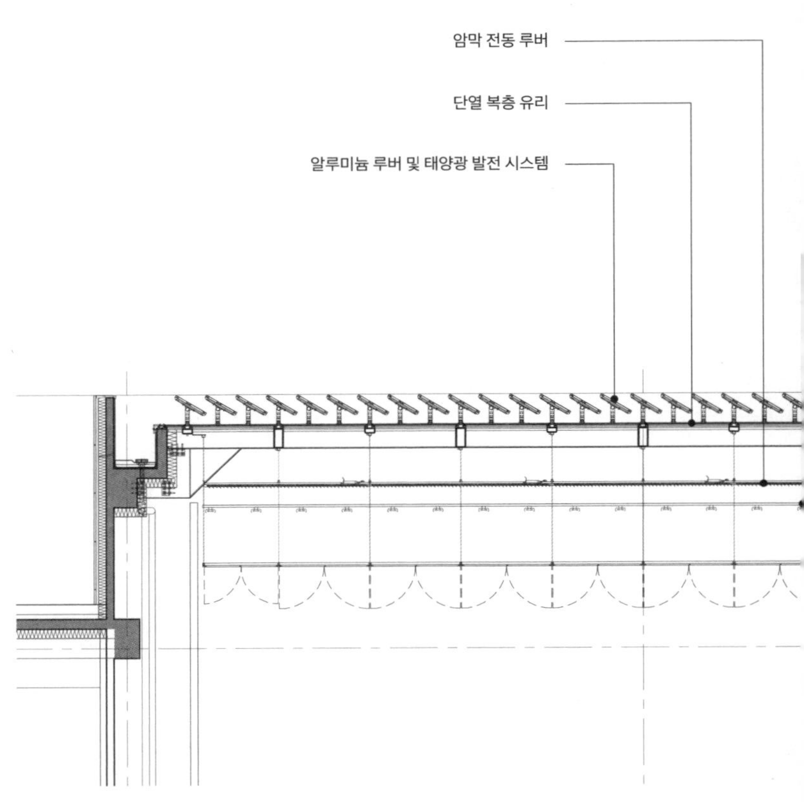

1전시실과 2전시실 천장 단면 상세도.

형광등 전반조명

익스펜디드 메탈 천장재 및 트랙 국부조명

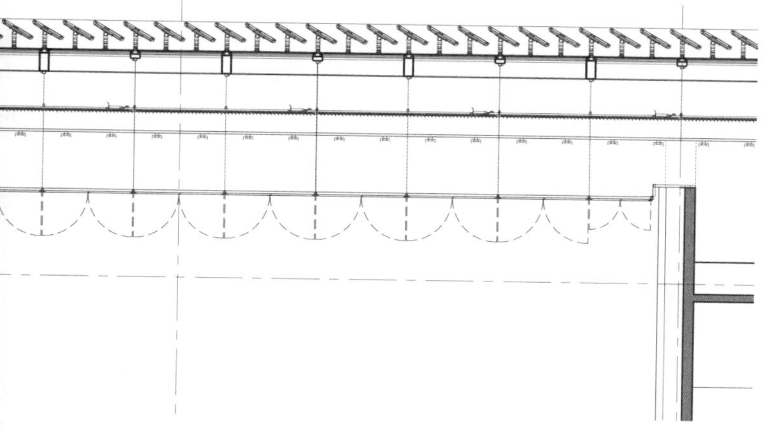

도판 제공

곽계녕 38(아래); 곽명우 201(위), 231; 국가기록원 51(아래); 국립현대미술관/김태동 97(위); 국립현대미술관 미술연구센터/슈가솔트페퍼, 홍철기 211; 김종오 34–35, 74(아래), 104–105, 106, 114, 123, 120(위), 133(아래), 153, 158–159(위), 170–171, 209, 212, 233, 243(위); 김진녕 204(위); 노순택 79(아래), 98–99, 110(아래), 158(아래); 민현준 24(아래), 54–55, 67, 79(위), 82, 91(아래), 110(위), 124–125, 128, 130(위), 133(위), 134(아래), 136–137, 139(위), 140, 146, 150–151, 178(아래), 186(위), 162–163, 194, 196(아래), 201(아래), 202–203, 214, 229, 240–241, 243(아래); 박영채 38(위), 84–85, 92–93, 97(아래), 120, 130(아래), 192–193; 박진석 26(위); 박홍순 134–135(위); 서울대학교중앙도서관 91(위); 서울역사아카이브 72, 74(위); 이정우 223(오른쪽); 장준호 157; Archiv der Secession 48(위); Google Earth 33(아래); Harvard-Yenching Library 51(위); Herzog & de Meuron 186(아래), 227; Hiro Ihara, courtesy Cai Studio 21; J. Paul Getty Trust 26(아래); Musée du Louvre 176(위); Museum Insel Hombroich 223(왼쪽); The U.S. National Archives and Records Administration 33(위)

민현준(閔鉉畯)은 1968년 출생으로, 건축사사무소 엠피아트(MPART) 대표 건축가이다. 서울대학교 건축학과와 캘리포니아대학교 버클리캠퍼스(UC Berkeley) 환경대학원을 졸업하고, 건축사사무소 기오헌과 미국 에스오엠(SOM)에서 실무를 익혔다. 귀국 후 행정중심복합도시 중앙녹지 국제공모(2007)에 입상하면서 자신감을 얻어 건축사사무소를 설립했다. 강변·교량·가로 디자인 등 도시 환경디자인에서 시작해 건축 및 거대 도시 계획까지 넘나들면서 도시와 건조 환경의 사회적 문제와 공간적 개선을 주제로 작업하고 있다. 국립현대미술관 서울의 공사가 진행되는 동안 「현대미술관의 군도형 배열에 관한 연구」로 서울대학교 공과대학에서 박사학위를 받았다. 주요 작업으로 국립현대미술관 서울, 헤럴드신문사 사옥, 현대자동차그룹 영남권 연수원, 서울시 산악문화체험센터(박영석기념관), 천안 성거산성지성당, 파주 DMZ유니마루미술관, 콩치노콩크리트, 명선아트홀 등이 있으며 충남국제전시컨벤션센터, 인천뮤지엄파크, 부산북구청사가 진행 중이다. 홍익대학교 건축도시대학에서 학장을 역임했으며, 현재 동대학 교수로 재직하며 다음 세대 건축가 양성에 힘쓰고 있다.

셰이프리스 미술관
국립현대미술관 서울, 건축 십 년 후의 기록

민현준

초판1쇄 발행일 2025년 6월 15일
발행인 李起雄 발행처 悅話堂
경기도 파주시 광인사길 25 파주출판도시
전화 031-955-7000 팩스 031-955-7010
www.youlhwadang.co.kr yhdp@youlhwadang.co.kr
등록번호 제10-74호 등록일자 1971년 7월 2일
편집 이수정 장한올 디자인 박소영
인쇄 제책 (주)상지사피앤비

ISBN 978-89-301-0807-2 93540

Shapeless Museum: An Architectural Record of MMCA Seoul

Published by Youlhwadang Publishers.
Printed in Korea.